Drosophila melanogaster Meig

Eine Einführung in den Bau

und die Entwicklung

Von

Eduard H. Strasburger

Kaiser Wilhelm-Institut für Hirnforschung
in Berlin-Buch

Mit 71 Abbildungen

Berlin

Verlag von Julius Springer

1935

ISBN-13:978-3-642-90441-7   e-ISBN-13:978-3-642-92298-5
DOI: 10.1007/978-3-642-92298-5

Vorwort.

Die vorliegende Arbeit stellt bei ihrem sparsamen Umfang natürlich alles andere als eine vollständige Drosophilamonographie dar. Der Zweck war nicht, eine Art Standardwerk für histologische Untersuchungen am normalen Tier und an Mutanten zu geben, sondern der einer kurzen Einführung. Dieses Unternehmen erhält seinen Sinn dadurch, daß zwar bisher schon Originalarbeiten und Zusammenstellungen verschiedenster Art über die innere und besonders äußere Anatomie und die Entwicklung von Drosophila melanogaster existieren, aber doch vieles nur außerordentlich kursorisch und fast ohne bildliche Darstellungen abgehandelt ist. Wertvolle Angaben finden sich bei STURTEVANT 1921. Ausführliche Darstellungen sind die Beschreibungen des Tracheensystems der Larve (RÜHLE), des Nervensystems und der Sinnesorgane (HERTWECK) und des Verdauungsapparats (M. STRASBURGER). Eine Beschreibung der Imaginalscheiben findet sich unter anderem bei CHEN. Über den Geschlechtsapparat liegen Untersuchungen von BRIDGES, von DOBZHANDSKY, von GEIGY und von KERKIS vor. Aber im großen ganzen sind die Unterlagen ziemlich spärlich. Ich war daher genötigt, alle hier beschriebenen Vorgänge mir durch eigene Untersuchung des Objekts zur Anschauung zu bringen und verschiedentlich Ergänzungen beizutragen. Über die Metamorphose von Drosophila ist die bisherige Literatur sehr lückenhaft und betrifft nur Einzelheiten aus der Entwicklung des Nervensystems, der Imaginalscheiben und der Gonaden. Über die Embryonalentwicklung, die ich hier nur anhangsweise behandelt habe, ist bisher sehr wenig publiziert.

Die Abbildungen sind (mit Ausnahme von Abb. 3) sämtlich von mir nach eigenen Präparaten gezeichnet (mit dem Abbeschen Zeichenapparat entworfen). Den Text habe ich bewußt sehr knapp gehalten. Ebenso enthält das Literaturverzeichnis im wesentlichen nur die Drosophila melanogaster selbst betreffenden Arbeiten und zwar die Darstellungen des normalen Tieres, die aus didaktischen Gründen besonders geeignet erscheinen.

Herrn Professor Dr. O. VOGT, in dessen Institut diese Arbeit durchgeführt wurde, bin ich für seine stete gütige Beratung zu großem Dank verpflichtet. Herrn Dr. N. W. TIMOFEEFF-RESSOVSKY verdanke ich die Anregung, den vorliegenden Stoff, der ursprünglich als Vorarbeit für Studien anderer Art an Drosophila gedacht war, auszubauen und hiermit getrennt zu veröffentlichen, sowie ich ihm auch sonst für seine liebenswürdige Unterstützung meinen besten Dank sage.

Berlin-Buch, im Mai 1935.

EDUARD H. STRASBURGER.

Inhaltsverzeichnis.

I. Technische Hinweise.

a) Zucht.

Da über die Züchtungsmethoden von *Drosophila* immer wieder ausführlich berichtet worden ist, beschränke ich mich auf die nötigsten Angaben.

Die Zucht geschieht am besten bei 25° C (das Optimum für die Vermehrung liegt etwa bei dieser Temperatur). Die Embryonalentwicklung dauert dann ca. 24 Stunden (GEIGY), das Larvenstadium vier bis fünf Tage, das Puppenstadium vier Tage. Die Lebensdauer der Imago kann weit über vier Wochen betragen. Larven und Imagines können ausschließlich von Hefezellen leben. Daher stellt das hier beschriebene Futter vor allem ein gutes Kulturmedium für Hefe dar. (LOEB, NORTHROP.) Eine sterile Zucht auf diesem Futter ergab nur wenige Imagines, die zudem nicht fortpflanzungsfähig waren. Der Entwicklungsgang kann sich in ein und demselben Gefäß abspielen. Man verwendet zylindrische Gläser (100 cm³) oder die erlenmeyerförmigen Milchflaschen von 200 cm³ Inhalt. Man verschließt sie mit einem Wattebausch.

Das Futter. 15 g Agar und 1000 g Wasser werden 15 Minuten gekocht (bis zur Lösung); inzwischen hat man 200 g Maismehl in 350 g lauwarmem Wasser 15 Min. lang quellen lassen. Sodann wird 190 g Sirup in dem heißen Agarwasser gelöst, die Maismehlsuspension zugegeben und kurz aufgekocht. Man gießt die Mischung noch heiß in die Zuchtgläser, so daß sie etwa 2 cm hoch steht. Man pflanzt kurz vor dem Erstarren eine kleine Rolle Kreppapier in jedes Glas (auf der sich besonders in feuchten Gläsern die Fliegen anfangs aufhalten). Nach dem Festwerden tropft man einige Tropfen einer einpromilligen Hefelösung in jedes Glas und verteilt sie gut. Das gärende Futter reagiert normalerweise sauer. Doch vermehren sich darin natürlich nach kurzer Zeit auch andere Organismen, die das ph ändern; das Futter soll nicht zu stark alkalisch reagieren.

Die Fortpflanzung. Auf ganz frisches (noch unvergorenes) Futter legen die Fliegen kaum Eier. Erst die nach Beginn der Gärung auftretenden organischen Substanzen scheinen als Stimulantia zu wirken. (E. F. ADOLPH.) Die Ovarien der frischgeschlüpften Weibchen enthalten noch keine reifen Eier. Die ersten Eier werden frühestens am zweiten Tage nach dem Schlüpfen abgelegt. Doch sind die Männchen beim Schlüpfen bereits geschlechtsreif, und die Kopulation kann sich bereits am ersten Tage vollziehen. Sie dauert durchschnittlich 20 Minuten, acht Minuten scheinen zumindest nötig zu sein zur Erlangung von Nachkommenschaft (A. H. STURTEVANT). Unter normalen Bedingungen legt ein Weibchen drei bis sechs Eier pro Tag, doch können erheblich größere Zahlen erreicht werden, und zwar im Dunkeln ebenso wie in der Helligkeit. Die Eiablage geschieht größtenteils vom dritten bis achten Tage des Imaginallebens, aber es können noch bis zu vier

Wochen lang Eier abgelegt werden. Die Eier werden so in das Futter hereingelegt, daß die Vorderenden mit den Anhängen über die Oberfläche herausragen. Unter- oder Übervölkerung eines Glases führt zu Schädigungen für die einzelnen Individuen (Hungertiere). Für das große Glas (Milchglas) sind 50—80 Tiere die richtige Zahl. Zur Verpuppung kriechen die Larven aus dem Futter heraus und meist an den Wänden empor. Die Ausstülpung der Vorderstigmen kennzeichnet den Beginn der Vorpuppenzeit, die bei 25° C etwa zwölf Stunden dauert. Die Puppen vertragen eine hohe Feuchtigkeit. Dagegen sterben bei 0% Feuchtigkeit etwa die Hälfte (ELWYN). Die schlüpfende Fliege verläßt die Puppenhülle unter Abheben des deckelförmigen konkaven Teiles, der die dorsale Region des Vorderendes einnimmt und arbeitet sich heraus mit Hilfe des Stirnsackes (Ptilinum), der frontal ausgestülpt und eingezogen werden kann. Die frischgeschlüpfte Imago ist bedeutend heller als die etwa ein Tag alte Fliege, das Abdomen ist länglich.

b) Präparation.

Es sollen Hinweise gegeben werden bezüglich einiger Präparationsmethoden, die für Drosophila gute Resultate geben. Es handelt sich zunächst um die Frage der Vorbereitung zur Fixierung. Sämtliche Stadien mit Ausnahme der ganz jungen Larven sind mit einer für viele Medien schwer durchdringlichen Hülle umgeben. Die Eier von Chorion und Dotterhaut, die Larven von der relativ dicken Cuticula, die Puppen von der erhärteten Larvenhaut, die Imagines vom Chitinpanzer. Von den unten genannten Flüssigkeiten dringen hier schwer ein BOUIN-ALLEN und CAROTHERS, durch das Chitin der Puppe und Imago auch CARNOY u. a. Auf jeden Fall sind die Hüllen besonders beim späteren Präparationsprozeß sehr hinderlich (Eindringen des Paraffins, Schneidemöglichkeit) und verringern die Güte der Präparate. Die Eier und jüngsten Larven werden am besten mit skalpellartig geschliffenen Stahlnadeln angestochen, wobei natürlich gewisse Verschiebungen der inneren Organe unvermeidlich sind, aber auf ein Minimum reduziert werden können. Ich klebte diese Stadien mit Dammarharz auf den Boden eines Schälchens, ließ gut antrocknen, gab die auf etwa 50° C vorgewärmte Fixierflüssigkeit darüber und stach dann an. Dann wurden sie losgelöst und in Röhrchen auf dem Wasserbade weiter fixiert. Die größeren Larven kann man auch anschneiden. Von der Puppenhülle muß wenigstens das Operculum entfernt werden. Zwar lassen sich die Puppen auch mit der unversehrten Chitinhülle schneiden, aber die Gefahr des Einreißens der Schnitte ist groß, so daß man dann noch nach der Fixation besser die Puppenhülle ganz abpräpariert. Die Verwendung des Diaphanols zum Erweichen des Chitins käme danach nur für die bis zu einem Tage alten Puppen in Frage, da deren Hülle noch nicht abpräparierbar ist. Die Imagines ritzt man mit einer geschliffenen Nadel im Thorax und Abdomen an. Die Erweichung des Chitins ist zu empfehlen. Gute Resultate erhält man, wenn man die Fixiergemische 50—60° C heiß einwirken läßt (etwa ein bis zwei Stunden lang). Vor dem Einbetten werden alle Stadien aus absolutem Alkohol für mehrere Stunden in Methylbenzoat-Celloidinlösung gebracht, wodurch die Schrumpfungen verringert und die Gewebe (besonders von Ei und Puppe) besser zusammengehalten werden beim Schneiden. Man bettet ein über Benzol oder Chloroform. Als Schnittdicke ist für die Eier 4 μ, für die anderen Stadien 8 μ geeignet. Für Totalpräparate sind naturgemäß farblose Fixiergemische vorzuziehen (CARNOY).

Für ihre Färbung kann unter anderen auch die FEULGENsche Fuchsinschweflig-
säure-Methode Anwendung finden, da sie nur das Chromatin färbt und daher den
Präparaten eine hohe Durchsichtigkeit läßt. Natürlich sind die Zellumrisse entsprechend schlechter zu erkennen. Für die Färbung von Schnitten ist HEIDEN-
HAINs Hämatoxylin eine Universalfarbe (bei Fixierung mit Osmiumgemischen ist
vorher Bleichen der Schnitte anzuraten). Orange-G ist nach PÉREZ besonders
geeignet für die Darstellung der wichtigsten Histolyseelemente der Puppe
(Körnchenkugeln).

CAROTHERS: Gesättigte wäßrige Pikrinsäure 75 cm³, Formol 15 cm³, Eisessig
10 cm³, Harnstoff 0,5 g. Fixation bei 50° C ein bis zwei Stunden. Auswaschen
warmes Wasser.

BOUIN-ALLEN: Gesättigte wäßrige Pikrinsäure 100 cm³, Formol 30 cm³, Eisessig 13 cm³; diese Mischung wird auf 50° C erwärmt und unter Schütteln erst
unmittelbar vor Gebrauch zugegeben: 2 g Chromsäure und 2,5 g Harnstoff.
Fixation bei 50° C ein bis zwei Stunden. Auswaschen warmes Wasser.

CARNOY: Alkohol:Chloroform:Eisessig 6:3:1. Fixation 60° C eine halbe
Stunde, kalt nochmals eine halbe Stunde. Auswaschen mit absolutem Alkohol.

Eisen-Eisessigkarmin: Ist ein zugleich fixierendes und färbendes Gemisch und
wird für Ausstriche angewandt. Ein 45proz. Essigsäurelösung wird mit Karmin
heiß gesättigt. Nach Abkühlen filtrieren, dann einen eisernen Gegenstand einige
Minuten hineinlegen, bis die Farbe dunkler geworden ist. Man bringt die Farbe
auf den Objektträger mit dem Ausstrich und legt ein Deckglas darüber, das man
fest andrückt zur Zertrümmerung des Gewebes. Man färbt (in nicht zu wenig
Farbe) auf dem Objektträger 10—20 Minuten und saugt dann die überschüssige
Flüssigkeit ab. Luftblasen entfernen! Umrandung mit Vaseline. Gut haltbar bis
zu zehn Tagen etwa, am besten nach wenigen Stunden. Die Färbung kann alle
zytologischen Feinheiten der Chromosomen wiedergeben. Betrachtung der Präparate besser bei blaugrünem Licht (PAINTER, September 1934).

HERMANN: 1% wäßrige Platinchloridlösung 15 cm³, 2% wäßrige Osmium-
säurelösung 4 cm³, Eisessig 1 cm³. Lösungen erst direkt vor Gebrauch zusammen-
gießen. Fixation bei 65° C eine halbe Minute, darauf kalt zwei bis mehrere
Stunden. Auswaschen wenigstens zwölf Stunden in fließendem Wasser.

Methylbenzoat-Celloidin: Material für Schnitte wird nach dem Hochführen
durch die Alkoholreihe aus absolutem Alkohol in eine einproz. Lösung von
Celloidin in Methylbenzoat gebracht. Wenn die Objekte durchsichtig geworden
sind, werden sie mit etwas abs. Alkohol abgespült, in Benzol oder Chloroform
gebracht und in der bekannten Weise in Paraffin übergeführt.

Diaphanol (Chlordioxydessigsäure): Nach dem Fixieren in 63% Alkohol, von
dort in Diaphanol. Darin etwa einen Tag lassen bis Erweichen und Entpigmen-
tierung des Chitins eingetreten ist. Bei Entfärbung muß das Diaphanol erneuert
werden. Danach wieder in 63% Alkohol, Aceton (wechseln), Aceton-Benzol 1:1,
Benzol, Benzol-Paraffin, Paraffin. Einwirkung des Diaphanols geschieht bei
Zimmertemperatur und diffusem Tageslicht in gut verschlossenem Gefäß.

Die Färbung der Schnitte geschieht mit Eisenhämatoxylin: Beizen in 2,5%
Ferriammonalaun einige Stunden, dann Färben in 1% Hämatoxylinlösung ebensolange (oder länger in stärker verdünnter Lösung). Die gefärbten Schnitte werden
in 0,1% HCL differenziert (unter mikroskopischer Kontrolle) und gebläut in 0,1%

Natriumbikarbonatwasser. Nach HERMANNfixierung besser vor dem Färben bleichen: 1% Kaliumpermanganat eine halbe Minute lang, 5% Oxalsäure ebensolange. — (Über die Silbernitratfärbung des Nervengewebes s. bei HERTWECK.)

Die Färbung der Totalpräparate nach FEULGENs Methode: Fixierung CARNOY. In Wasser herunterführen. Aus Wasser in 1-normale Salzsäure kalt 15 Minuten, dann HCl 1-normal 60° C acht Minuten auf dem Wasserbad. SO_2-Wasser fünf Minuten (100 cm³ Wasser $+ 0,5$ g $Na_2S_2O_5 + 5$ cm³ 1-normale Salzsäure, erst kurz vor Gebrauch herstellen). Danach Färbung in der fuchsinschwefligen Säure eine Stunde lang (1 g Fuchsinpulver in 200 cm³ kochendem Wasser lösen, nach Erkalten filtrieren; dann 20 cm³ 1-normale Salzsäure und 0,5 g $Na_2S_2O_5$ zugeben. Die Lösung ist brauchbar, solange sie schwach gelblich ist, nicht rötlich. Gut verschlossen im Dunkeln aufheben). Danach Differenzieren in SO_2-Wasser 30—45 Minuten (wechseln), bis beim Hochführen in Alkohol, besonders den höheren Stufen keine Rotfärbung mehr auftritt (diffuse), die auf überschüssiger fuchsinschwefliger Säure beruht. Einschließen in Kanadabalsam oder Dammarharz.

Für das Studium der Chitinteile (Kopulationsapparat, Mundteile) empfiehlt es sich, die Tiere in 15proz., evtl. heiße Kalilauge oder Natronlauge zu legen bis alles außer dem Chitinskelett herausgelöst ist und die Objekte durchsichtig geworden sind. Man kann sie dann in Glyzerin oder Kanadabalsam aufheben.

Farbstoffütterung: Der Verlauf des Darms an der lebenden Larve tritt deutlich hervor, wenn dem Futter etwas Karmin oder Tierkohle zugesetzt wird, oder beides in Wechselfütterung verabreicht wird, wonach die einzelnen Schlingen in verschiedenen Farben erscheinen.

Das Herausfischen der Larven aus dem Futterglase kann entweder durch Ausschwemmen geschehen oder besser durch vorsichtiges Erwärmen der Futterschicht, indem das Futterglas auf ein lauwarmes Wasserbad gestellt wird. Die Larven verlassen das Futter und können bequem herausgenommen werden. — Will man einzelne Imagines aus dem Zuchtglas entnehmen, so kann man sich des ausgeprägten phototaktischen Benehmens der Tiere bedienen, indem man die Öffnung vom Licht abgekehrt hält. Das Ätherisieren (welches in einem besonderen korkverschlossenen Gefäß, unter dessen Kork etwas äthergetränkte Watte befestigt ist, etwa 20—30 Sekunden lang geschieht), hemmt für kurze Zeit die Eiablage.

II. Die Larve.

a) Das Äußere.

Die Larve von Drosophila durchläuft drei Häutungsstadien (zwei Häutungen), so daß Larven I., II. und III. Stadiums zu unterscheiden sind. Die drei Stadien unterscheiden sich vor allen Dingen durch ihre Größe. Da aber die Größe der erwachsenen Larve von der Güte der Ernährung abhängt, so ist es wertlos, genaue Größenangaben zu machen, zumal die Larven auch zwischen den Häutungen wachsen (Wachstumskurven bei ALPATOV 1929). Die Larven verschiedenen Stadiums sind aber einwandfrei zu unterscheiden an der Beschaffenheit der Vorderstigmen und des Mundskeletts (s. u.).

Wenn man die lebende völlig ausgestreckte Larve bei durchfallendem Licht betrachtet, so sieht man folgendes. (Abb. 1.)

Die Larven sind äußerst durchsichtig mit Ausnahme der fast erwachsenen Tiere, deren Fettkörper schon stark entwickelt ist. Der Körper besteht außer dem Kopfsegment aus drei Thorakal- und acht Abdominalsegmenten. Um den Vorderrand jedes Segmentes zieht ringsherum ein mehrreihiger Kranz von Chitinzähnchen. Das erste und kleinste Körpersegment, der Kopf, trägt ventral die Mundöffnung, zu der von den Seiten des Kopfes her zahlreiche Reihen von Chitinzähnchen ziehen. Dorsal liegt jederseits der antennomaxillare Sinneskomplex. Es folgen drei Thorakalsegmente. Das erste ist erfüllt von den großen hinteren Platten (Cephalopharyngealplatten) des Mundskeletts. Dieses ist braunschwarz pigmentiert und ist in den muskulösen Pharynx eingebettet. Die großen durchsichtigen Speicheldrüsen, die ventral in den Pharynx einmünden, sind schwer zu erkennen. Im ersten Thorakalsegment liegen auch die Stigmenöffnungen, obgleich die Stigmen, — in einer Grube eingezogen, — im zweiten Thorakalsegment zu liegen scheinen. Im dritten Thorakalsegment liegen die kugeligen Hemisphären des Gehirns, bei alten Larven überdeckt von den zahlreichen Imaginalscheiben des Kopfes und Thorax (Abb. 15), sowie von Fettkörperlappen. Die infraoesophageale Ganglienmasse zieht als hinten zugespitzter Zapfen bis zum Hinterrand des ersten Abdominalsegments. Im dritten Thorakalsegment liegt auch der kugelige Proventrikel und die vier Magenschläuche. Im ersten und zweiten Abdominalsegment sieht man als zwei undurchsichtige längliche Gebilde die umgebogenen (kalkimprägnierten) Enden der vorderen MALPIGHIschen Gefäße, zwischen ihnen den langgestreckten großzelligen Magen. Der Rest des Abdomens wird von den vier Schlingen des eigentlichen Mitteldarmes erfüllt, deren Peristaltik sehr deutlich ist. Dorsal verlaufen die beiden dunkelglänzenden Längstracheen von den Vorder- zu den Hinterstigmen. Die letzteren liegen ganz am Ende des Körpers auf zwei konischen Fortsätzen des achten Abdominalsegments. Das Herz durchzieht als dünner Schlauch dorsal fast den ganzen Körper und ist infolge seiner deutlichen Pulsationen gut zu erkennen. Die MALPIGHIschen Gefäße, vier dünne mit grünlichen Körnern erfüllte Schläuche, durchziehen das ganze Abdomen. Der Fettkörper umhüllt in zahlreichen Lappen in Thorax und Abdomen die inneren Organe, er erscheint grau und von zahllosen Fettröpfchen erfüllt. Die segmental angeordneten Muskeln (s. d. Abb. 1 u. 12 bei HERTWECK) sind sehr durchsichtig. Von den Sinnesorganen sieht man am lebenden Tier außer dem erwähnten Antennomaxillarkomplex noch sämtliche Chordotonalorgane. Die sechs durchsichtigen dörnchenbesetzten Kegel an jeder Seite des achten Abdominalsegments sind ebenfalls Sinnesorgane.

Es seien im folgenden in Einzelheiten beschrieben: Der Verdauungsapparat, das Tracheensystem, die Imaginalscheiben, das Nervensystem mit den Sinnesorganen. Über die Gonaden s. bei der Puppe.

b) Der Verdauungsapparat.

Der Bau des Darmes ist in den drei Larvenstadien prinzipiell der gleiche, wenn von dem Bau der Mundhaken abgesehen wird.

Mitosen kommen während der Larvenzeit in fast allen Teilen des Darms nicht vor, so daß das Wachstum nur auf Vergrößerung der Zellen beruht. Die Mund-

öffnung liegt ventral im Kopfsegment. Im ersten Thorakalsegment erweitert sich
der Darm zu dem muskulösen Pharynx, in dem ein kompliziertes Chitinskelett
(Mundhakenapparat, Abb. 1, 3, 15, 20) liegt. (Von M. STRASBURGER eingehend
beschrieben.) Es besteht im wesentlichen aus drei Portionen. Ganz oral liegen
die beiden Mundhaken. Hinter ihnen liegt ein H.-förmiges Stück (H.-Stück).
Caudal von diesem folgen zwei große, dorsoventral stehende Platten (Cephalopharyngealplatten), die vorne dorsal durch eine Brücke verbunden sind. Außerdem enthält der Apparat kleinere Teile (Halsspangen, Mundwinkelstücke). Nur
im ersten Larvenstadium vorhanden ist ein Stück, welches dorsal zwischen Mundhaken und H.-Stück liegt, der unpaare Medianzahn. Die Mundhaken sind in
Gestalt und mittlerer Bezahnung in den drei Larvenstadien verschieden (Abb. 3),
auch schwankt die Zahl der Zähnchen individuell und zwischen den beiden
Mundhaken eines Tieres. Die übrigen Teile des Mundskeletts gleichen sich in den
drei Stadien weitgehend. Das Mundskelett wird bei den Häutungen ausgestoßen
und durch ein größeres ersetzt. Die Dorsalwand des Pharynx enthält starke
Muskeln, die ihn zu einem Saugorgan machen (Abb. 2). Vor dem Pharynx, unter
dem H.-Stück münden ventral in die Mundhöhle die beiden sackförmigen Speicheldrüsen (Abb. 1, 4, 5) mittels eines unpaaren (mit spiraliger Intima versehenen)
Ganges ein. Der Pharynx geht im zweiten Thorakalsegment in den engen Oesophagus über, der durch etwa zwei Segmente zieht, durch das Verbundganglion tritt
und sich dann in den Proventrikel einstülpt, eine kugelige Erweiterung des Darmes
von charakteristischem Bau (Abb. 1, 6). An der Umbiegungsstelle der inneren
Proventrikelwandung in die äußere liegt ein Ring imaginaler Zellen der sog. vordere Imaginalring (s. Metamorphose). Diese Stelle ist die Grenze zwischen dem
ektodermalen Vorderdarm und dem entodermalen Mitteldarm. Die beiden folgenden Segmente nimmt ein erweiterter Teil, der Magen ein (Abb. 1, 7). Von seinem
vorderen Ende entspringen zwei ventrale und zwei dorsale Blindschläuche vom
selben histologischen Bau. Der Magen ist an seinem caudalen Ende nach vorne
umgebogen, so daß hier eine Darmschlinge entsteht. Der folgende etwa gleichmäßig weite, aber in seinen einzelnen Abschnitten histologisch verschiedene Darm-
teil ist der Mitteldarm im engeren Sinne (Abb. 1, 2, 8, 9). Er ist der längste
Darmabschnitt und in vier Schlingen gelegt (vier auf- und vier absteigende Abschnitte). In den kopfwärts ziehenden Teil der vierten Schlinge münden die
MALPIGHIschen Gefäße (Abb. 1, 10, 11), vier dünne lange Schläuche, von denen
je zwei sich kurz vor der Einmündung vereinigen. Das eine Paar zieht kopfwärts
bis zum Beginn des Magens und biegt dann nach rückwärts um. Das andere
verläuft in entgegengesetzter Richtung bis zum letzten Abdominalsegment. Die
MALPIGHIschen Gefäße erscheinen im lebenden Tier gelblich bis auf die letzten
Enden des vorderen Paares, die farblos und infolge des Gehaltes an Kalksalzen
undurchsichtig sind. An der Einmündungsstelle der MALPIGHIschen Gefäße in den
Darm liegt der hintere Imaginalring. Dort beginnt der ektodermale Enddarm
(Abb. 2, 12), der in geradem Verlauf bis zum After im letzten Segment zieht.

Da der Darm nur lose durch Tacheen im Körper aufgehängt ist, ist seine Lage
relativ zum Hautmuskelschlauch je nach dem Kontraktionszustand des Tieres
verschieden (in der Abb. 1 liegt der Darm infolge starker Kontraktion der Larve
relativ zu weit hinten). Im übrigen aber ist der Verlauf des Darms in Schlingen
weitgehend konstant. So die kleine Schlinge hinter dem Magen und die großen

Schlingen des Mitteldarms (M. STRASBURGER). Die Weite der einzelnen Darm-
abschnitte und also auch die Form der Zellen schwankt natürlich mit dem Er-
nährungszustand. Der histologische Bau des Epithels ist je nach der Funktions-
phase des betreffenden Darmabschnitts etwas verschieden. M. STRASBURGER ver-
mutet, daß manche Darmteile rein resorptiv tätig sind (hinterster Mitteldarm),
andere (Magen vorderer und mittlerer Mitteldarm) vorwiegend oder rein sekretiv
funktionieren. Die dem Lumen zugekehrte Oberfläche des Epithels in Mitteldarm
und MALPIGHIschen Gefäßen ist mit einem hellen Saum überzogen, der meist als
Stäbchensaum ausgebildet ist. Die ektodermalen Darmteile, nämlich Vorder- und
Enddarm sind von einer Intima ausgekleidet. Der Darm wird von einer feinen
Muscularis umhüllt, doch ist im Enddarm die Muskulatur intrazellulär und sehr
stark entwickelt.

c) Das Tracheensystem.

Die Stigmen. Die Stigmen erreichen ihre charakteristische Ausbildung erst bei
der Larve des dritten Stadiums. Auf diesem Stadium sehen die Vorderstigmen
folgendermaßen aus (Abb. 1, 2, 14, 15). Der Haupttracheenstamm jeder Körper-
seite ist an seinem vordersten Ende erweitert und hat hier keine Spiralfalte. Statt-
dessen ist seine innere Wand mit zahllosen kleinen Chitinauswüchsen besetzt. Man
nennt diesen Teil des Tracheenstamms die Filzkammer. Sie trägt eine Anzahl
fingerförmiger Fortsätze (Tuben), die den gleichen Bau der Wand zeigen. Es sind
sieben bis acht, selten neun, jedoch kann die Zahl zwischen verschiedenen Individuen und zwischen rechtem und linkem Stigma eines Tieres um eins schwanken. —
Die Vorderstigmen liegen in eine Grube eingezogen, deren Öffnung im ersten
Thorakalsegment liegt. Ein Restgebilde des vorigen Stigmas liegt in Gestalt des
Narbenstrangs und der Narbe dem Vorderstigma des dritten Stadiums an. Den
Vorderstigmen des zweiten Stadiums fehlen Narbenstrang und Narben, die Tuben
sind nur als ganz kurze Knospen ausgebildet und die Filzkammer hat die gleiche
Weite wie der Tracheenstamm. Im ersten Larvenstadium fehlen die Vorder-
stigmen.

Die Hinterstigmen (Abb. 13). Das Hinterende jedes Tracheenstammes ist
ebenfalls erweitert und hat den Bau einer Filzkammer. Das freie Stigmenende ist
abgeplattet (Stigmenplatte) und trägt drei gleichgroße elliptische Öffnungen, die
in einem Halbkreis um die Narbe angeordnet sind. Zu jeder Öffnung führt ein
Auswuchs der Filzkammer (Homologa der Tuben der Vorderstigmen). Die Narbe
ist der Rest der Stigmenplatte des zweiten Stadiums und der von ihr zum proxi-
malen Teil der Filzkammer ziehende Narbenstrang der Rest des äußersten Teiles
des Tracheenstammes des zweiten Stadiums. Zwischen den Stigmenöffnungen
und der Narbe steht je ein Borstenbüschel, im ganzen also vier. Die Hinterstigmen sitzen einem kurzen Auswuchs der Dorsalseite des letzten Körpersegments
auf. Das Hinterstigma des zweiten Stadiums gleicht sehr demjenigen des dritten,
das Hinterstigma des ersten Stadiums dagegen trägt nur zwei Öffnungen, Narbenstrang und Narben fehlen natürlich, und die Filzkammer hat nur die gleiche Weite
wie der Tracheenstamm. Über die Masse und Variabilität der Stigmen teilt
H. RÜHLE verschiedenes mit.

Die Tracheen. Die Tracheen der Larve des dritten Stadiums. Von jedem
Vorder- zum Hinterstigma zieht dorsal ein großer Hauptstamm (Abb. 1). Die

beiden Hauptstämme sind im achten Abdominalsegment und am Beginn des dritten Thorakalsegments durch eine starke Quertrachee verbunden. Auf der lateralen Seite jedes Hauptstamms entspringen im dritten Thorakalsegment und in allen Abdominalsegmenten je ein Seitenast, der von der hinteren Grenze des Segments schräg nach vorne und ventral läuft. Er spaltet einen nach dem Körperinnern ziehenden viszeralen Ast ab. Der übrigbleibende Hautmuskelast hat in fast allen Segmenten eine weitgehend konstante Verzweigung. An der Medianseite jedes Hauptstamms entspringen schwächere segmentale Äste. Die Seitenäste im Kopf und den vorderen Thorakalsegmenten haben einen asegmentalen Verlauf. Das Tracheensystem der beiden jüngeren Larvenstadien hat den gleichen Verlauf, ist aber schwächer verzweigt.

d) Die Imaginalscheiben.

Aus den Imaginalscheiben der Larve gehen die Extremitäten und die Körperwand der Imago hervor. Die Form und Anordnung der cephalen und thorakalen Imaginalscheiben einer reifen Larve des dritten Stadiums zeigt Abb. 15. Die ventralen Thorakalscheiben und die mittleren und hinteren dorsalen Thorakalscheiben sind vorne durch Epithelstiele an der Hypodermis befestigt. Die vier vorderen ventralen Scheiben und die Antennen-Augenscheiben hängen außerdem jede durch einen Nervenstiel mit dem Zentralnervensystem zusammen. Die vorderen dorsalen Scheiben umhüllen die Basis der Vorderstigmen. Die Augen-Antennenscheiben, die sich in den vorderen Antennenteil und den hinteren Augenteil gliedern, hängen vorne mit dem dorsal vom Pharynx gelegenen Frontalsack zusammen, da sie als Ausbuchtungen der Hinterwand desselben entstehen. Der Frontalsack selbst ist eine Ausstülpung der dorsalen Mundhöhlenwand. Die zwei Labialscheiben liegen rechts und links vom H.-Stück des Mundskeletts. Über die Bedeutung der einzelnen Imaginalscheiben s. bei der Imago. Die Imaginalscheiben entstehen als Einstülpungen der Hypodermis. Sie sind daher sackförmig. Die innere verdickte Wand des Sackes stellt die eigentliche Imaginalscheibe dar. Ihre Anlage (auch die der abdominalen Scheiben, s. u.) ist nach den Ergebnissen Geigys (Roux'Arch. 1931) bereits im Embryo determiniert. Angaben über den Zeitpunkt ihrer ersten Erkennbarkeit haben daher nur vergleichenden Wert. Die Reihenfolge ihrer Erkennbarkeit ist nach Chen (1929): Augen-Antennenscheiben (16stündige Larve bei 25° C) und mittlere Dorsalscheiben (16 Stunden), hintere Dorsalscheiben (24 Stunden), alle Beinscheiben und die Scheiben des Kopulationsapparats (32 Stunden), Labialscheiben (40 Stunden), vordere Dorsalscheiben (56 Stunden). Die abdominalen Hypodermisscheiben erscheinen erst in achtstündigen Vorpuppen. — Über die genauere Entwicklung der Augenscheiben s. bei der Puppe. — Andere Einzelangaben über die Entwicklung einiger Scheiben sind bei Chen zu finden.

e) Die Sinnesorgane.

Abgesehen von den kleinen Hautsinnesorganen, die am ganzen Körper regelmäßig verteilt sind, und von denen die warzenförmigen Organe am letzten Abdominalsegment schon Erwähnung fanden, besitzt die Larve noch eine große Anzahl von Chordotonalorganen und den sog. Antennomaxillarkomplex. Dieser liegt jederseits am vorderen Dorsalrand des Kopfes (Abb. 1), und besteht aus dem dorsalen Antennalorgan (vom Antennennerven innerviert) und dem dicht darunter liegenden Maxillarorgan (vom Maxillarnerven versorgt, aus der Maxillenanlage des Embryo hervorgegangen). Beide sind kleine Chitinplatten, auf denen sich zapfenartige Vorwölbungen erheben. Die zuführenden Nerven schwellen unter ihnen zu langgestreckten Ganglien an. Beide scheinen Tastorgane zu sein. Die sehr zahlreich in allen Segmenten der Larve vorkommenden Chordotonalorgane (im ganzen 45 Paar), sind mit beiden Enden an der Hypodermis befestigt. Sie dienen der Kontrolle des inneren Spannungszustandes, besonders der Muskelspannung, da die meisten von ihnen zwischen der Muskelschicht und der Hypodermis verlaufen und bei Muskelkontraktion abgeknickt werden (s. HERTWECK). Es sind Skolopidien (einstiftige Organe) und Skoloparien (aus drei oder fünf Skolopidien bestehend). Ein Skolopidium ist ein stabförmiges Organ und besteht aus einer einfachen Zellreihe. Die basale Zelle heißt Basalligament. Distalwärts folgt eine bipolare Sinneszelle, die distal einen Fortsatz (Achsenfaden) hat, über dessen Ende das sog. Stiftchen sitzt. Der Achsenfaden wird von einer Hüllzelle umgriffen. Nach außen vom Stiftchen folgt noch eine zweite langgestreckte Hüllzelle (Deckzelle, Distalligament), die das Skolopidium an der Hypodermis anheftet. In den mehrstiftigen Organen (Skoloparien) sind die gleichartigen Zellen in gleicher Höhe angeordnet, doch können die Stiftchen in verschiedenen Höhen liegen. Ebenso können die einzelnen Skolopidien in variabler Weise zu Untergruppen zusammengefaßt sein. Die Zahl und Anordnung der Chordotonalorgane in den Segmenten ist konstant. Es sind im Kopf fünf Paar einstiftige, im ersten Thorakalsegment zwei Paar ein- und zwei Paar dreistiftige, im zweiten und dritten Thorakalsegment je ein Paar ein- und ein Paar dreistiftige, im ersten bis siebenten Abdominalsegment je drei Paar ein- und ein Paar fünfstiftige und im letzten Segment zwei Paar drei- und zwei Paar einstiftige Organe. Eine um 1 abweichende Zahl von Skolopidien für ein bestimmtes Skoloparium kommt nicht selten vor.

f) Das Nervensystem.

Das Zentralnervensystem (Abb. 1). Dorsal vom Oesophagus liegen die beiden schwachelliptischen Hemisphaeren (Gehirn, Oberschlundganglien). Sie liegen im dritten Thorakalsegment. Ventral sind sie miteinander verbunden, und durch diese Verbindungsmasse tritt der Oesophagus und verläuft nach hinten zu dorsal über dem infraoesophagealen Nervensystem (Verbundganglion). Dieses hängt vorne mit dem ventralen Verbindungsteil der Hemisphaeren zusammen, hat die Form eines caudal zugespitzten Zapfens ohne äußere Gliederung und verläuft bis zum Ende des ersten Abdominalsegments. Es enthält von vorne nach hinten: Ein Paar Unterschlundganglien, drei Paar Thorakalganglien und acht Paar kleinere Abdominalganglien. Für den histologischen Bau des Zentralnervensystems vgl. die Abb. 16 und 17 und den Abschnitt über die Metamorphose. (Eine eingehendere Beschreibung findet sich bei HERTWECK.) In den Riesenzellen des Zentralnervensystems finden sich häufig sehr klare Mitosen.

Die Körpernerven. Kopfnerven: Der Verbindungsstiel zwischen jeder Augenscheibe und der entsprechenden Hemisphaere präsentiert sich in der reifen Larve als ansehnlicher Nerv an der äußeren Dorsalseite jeder Hemisphaere (Augenstiele). Median nahe dem unteren Rande jeder Hemisphaere tritt ein Nerv aus, der das Antennalorgan versorgt (Antennennerven). Dicht unterhalb des Schlundlochs entspringen aus dem Verbundganglion zwei Nerven (Maxillarnerven), die die übrigen Sinnesorgane und die Muskulatur des Kopfes versorgen.

Thoraxnerven: Es wurde schon mitgeteilt, daß die beiden vorderen Paare der Beinscheiben durch nervöse Stiele mit den betreffenden Ganglien des Thorakalzentrums verbunden sind. Jedem dieser Stiele entspringt basal ein weiterer Nerv, der die Muskeln und Sinnesorgane des betreffenden Segments innerviert; im dritten Thorakalsegment, wo die Beinscheibenstiele fehlen, tritt das Paar dieser Thorakalnerven alleine aus. — Jedem abdominalen Ganglienpaar entspringt ein Nervenpaar, das fast ausnahmslos nur das zugehörige Segment innerviert. — Das Zentrum des sehr gering entwickelten Viszeralnervensystems ist ein Ganglion an der Vorderseite des Proventrikels (Ventrikularganglion).

III. Die Puppe.
a) Äußeres von Puppe und Vorpuppe.

Über die äußerlich sichtbaren Entwicklungsvorgänge während der Vorpuppen- und Puppenzeit ergaben mir Lebendbeobachtungen (25° C) folgendes. Wenn die Larven sich verpuppen wollen, verlassen sie den Futterbrei und kriechen an den Wänden des Zuchtglases hinauf. Sie stülpen momentan ihre Vorderstigmen aus, worauf innerhalb einer Stunde sich die Larvenhaut zu einem spindelförmigen Gebilde kontrahiert, an dem die Segmenteinschnitte nicht mehr erkennbar sind. Der Kopf ist eingezogen (Abb. 20). Der Deckel dorsal am Vorderende (operculum) nimmt etwa die vier ersten Segmente ein. Das Herz mit seinen Pericardialzellen ist noch gut sichtbar und zeigt deutlich seine Pulsationen. (Es ist in der Abb. 20 z. T. vom Fettkörper verdeckt.) Die Puppenhülle trägt natürlich alle Gebilde der Larvenhaut, da sie mit dieser identisch ist (Hakenkränze, Sinneswarzen). Die Vorpuppe ist nach drei bis vier Stunden bereits schwach bräunlich gefärbt. Während der folgenden Stunden obliterieren die Vorderenden der Tracheenstämme (die Hinterenden sind schwerer zu erkennen) und die vordere Queranastomose verschwindet. Die Tracheenstämme werden mehr seitlich gedrängt. Die vollständige Ausstülpung sämtlicher Imaginalscheiben von Kopf und Thorax geht etwa 12 Stunden nach der Ausstülpung der Vorderstigmen vor sich. Ich sah in wenigen Fällen, daß der Prozeß der Scheibenausstülpung momentan erfolgt, nach vorhergehenden Muskelkontraktionen des ganzen Körpers. Das Mundskelett wird dabei ausgestoßen. Das Wachstum und die Faltung der Beine, Flügel und Antennen ist bei Außenbeobachtung nur schwer zu erkennen. Es wird erst deutlicher, wenn die Borsten gefärbt sind (s. u.). Gute Anhaltspunkte über das Alter einer Puppe gibt der Färbungsgrad der Augen. Und zwar tritt bei etwa 50 Stunden die erste schwach gelbliche Augenfärbung auf. Die Augen werden dann deutlich ockergelb (ca. 60 Std.); braun sind die Augen bei 62—70 Stunden, dann werden sie innerhalb weniger Stunden rotbraun und rot (75 Stunden). Die Borsten sind zu dieser Zeit noch alle unpigmentiert. Die Borsten von Kopf und Thorax färben sich zuerst schwach an, kurz darauf die der Flügel und Beine. Dagegen tritt die erste Färbung der Abdominalborsten erst einige Stunden später auf (82—85 Stunden). Die Puppen schlüpfen nach 90—100 Stunden. Die dünne Hülle, die das Puppenchitin darstellt, und scheidenartig auch alle Extremitäten umhüllt, wird beim Schlüpfen in der Larvenhaut (puparium) zurückgelassen.

Beim Verlassen der Hülle wird das operculum abgehoben. Der Stirnsack (ptilinum) wird wie bei anderen Dipteren als Hilfsmittel beim Schlüpfen betätigt. Die Körperform der frischgeschlüpften Imago ist länglicher als die der älteren. Die Pigmentierung der Körperwand geht nur allmählich vor sich.

b) Die inneren Vorgänge bei der Metamorphose.

Darmapparat. Die Metamorphose des Darmes von Drosophila (Abb. 21, 22) scheint der von Calliphora, wie sie PÉREZ 1910 ausführlich beschrieb, bis in Einzelheiten weitgehend zu gleichen. Doch fehlt eingehende Originalliteratur auf diesem Gebiet. Eigene Beobachtungen ergaben folgendes. Die Vermehrung der Regenerationszellen im Darmepithel beginnt schon in der verpuppungsreifen Larve. In der Vorpuppe und Puppe spielt sich dann folgendes ab. Das imaginale Mitteldarmepithel wird lückenlos, das alte Mitteldarmepithel wird in das Lumen ausgestoßen, wo es sich später zusammenballt, analog dem gelben Körper bei Calliphora. Imaginales Vorder- und Hinterdarmepithel verdanken ihre Herkunft vornehmlich dem vorderen und hinteren Imaginalring; das larvale Epithel wird nicht geschlossen ausgestoßen. Der Kropf entsteht als ventrale Ausstülpung des Vorderdarms. Die MALPIGHIschen Gefäße erfahren eine vorübergehende Entdifferenzierung (Rückbildung des Stäbchensaums, Verschwinden des Lumens), bleiben aber als Ganzes erhalten und dem Darm angeheftet (Abb. 21, 23). Kurz vor dem Schlüpfen erhalten sie ihr ursprüngliches Aussehen wieder. — Die Thorakalspeicheldrüsen der Imago werden aus dem imaginalen Zellmaterial gebildet, das am cranialen Ende jeder larvalen Speicheldrüse eingelagert ist. In den larvalen Drüsen treten frühzeitig in der Puppe große Vakuolen auf, die einzelnen Zellen trennen sich und werden zerstört.

Muskeln. Sehr frühzeitig beginnt der Abbau der Muskeln. Da nach PÉREZ der Abbau und Aufbau bei verschiedenen Muskelgruppen sehr abweichend verläuft (bei Calliphora kommt völliger Abbau und Neubildung, sowohl wie partieller Abbau und Umbildung zum imaginalen Muskel vor) ist es noch nicht möglich, für Drosophila sichere Angaben zu machen. Die eigentümliche Histogenese der longitudinalen indirekten Flugmuskeln (Abb. 25) ist aber offenbar äußerst ähnlich wie bei Calliphora.

Die Extremitäten (Beine, Flügel, Halteren), die Wand des Thorax und Kopfes mit den Augen, Antennen und Mundteilen gehen aus den schon in der jungen Larve sichtbaren Imaginalscheiben hervor (s. ob.), die am Ende der Vorpuppenzeit (bei 25° C in der 11.—12. Stunde alten Vorpuppe) alle ausgestülpt werden (CHEN). Den Hauptanteil an der Bildung des Kopulationsapparats und der äußeren Geschlechtsausführgänge hat ein Paar Imaginalscheiben, die in der Larve im achten Segment ventral gelegen sind (DOBZHANDSKY 1928; GEIGY 1931. Die abdominale Hypodermis entsteht aus kleinen segmental angeordneten Imaginalscheiben, die erst in der Vorpuppe sichtbar werden. Die Komplexaugenentwicklung bei 25° C sei kurz mitgeteilt (Zeiten nach CHEN 1929 und KRAFKA 1924): Eine Aussackung der dorsalen Mundhöhlenwand, der sog. Frontalsack, wächst dorsal über den Pharynx und teilt sich in zwei Säcke, die bis an die Hemisphaeren heranwachsen. Die mediane Wand jedes Sackes verdickt sich: eigentliche Imaginalscheibe (16stündige Larve). Der vordere Teil der Scheibe trägt die Antennenanlage, der hintere die Augenanlage (Abb. 1, 2, 15). Die übrigen Teile der Scheibe bilden Teile der Kopfwand. Der Augenteil wird (dritter Tag) durch einen Stiel (Augenstiel) mit der Hemisphaere verbunden. Die Scheibe legt sich eng der Hemisphaere auf. Die Zellen der Augenscheibe ordnen sich zu den Ommatidienanlagen an (80—90 Stunden, Abb. 16). Am Ende der Vorpuppenzeit werden die Augenanlagen ausgestülpt (110 Stunden). Die zuerst sehr flache Scheibe (Abb. 26) erhöht sich, die Anlagen der Cuticularlinsen erscheinen (Abb. 27). Weiter folgt starkes Längenwachstum der Ommatidien (Abb. 28), Bildung der Haare (aus besonderen Zellen). Später flacht sich das Auge wieder ab, die Zellkerne werden kleiner (Abb. 29). Die Pigmentierung tritt auf.

Die Umbildung des Nervensystems ist des Näheren bei HERTWECK beschrieben. Das infraoesophageale Verbundganglion der Larve erfährt zwischen Unterschlundganglien und ersten Thorakalganglien eine starke Einschnürung, der spätere Cephalothorakalstrang. Die Hemisphaeren verschmelzen median auch in ihren dorsalen Teilen. Die acht Abdominalganglien verschmelzen zu einem einzigen, während die drei Paar Thorakalganglien getrennt bleiben. Jedes von ihnen hat etwa die Größe des abdominalen Komplexes (Abb. 30, 31). In den Hemisphaeren (= Oberschlundganglien) entwickeln sich mächtig der äußere und innere Bildungsherd und die Lamina ganglionaris mit den zugehörigen Fasermassen. Es entstehen so die drei Augenganglien (HERTWECK), von denen das äußere sich mehr vom Gehirn löst und direkt dem Auge unterlagert (Abb. 26, 29). Die Zellen der Augenganglien sind in der Imago kleiner als die übrigen Ganglienzellen und bilden die sog. äußere Rindenschicht. Im Nervensystem der Puppe finden sich, wie bei der Larve, viele Mitosen, besonders günstige in den Riesenzellen. Wieweit die larvalen Teile des Nervensystems der Histolyse unterliegen, ist noch nicht bekannt. Da das periphere Nervensystem von Larve und Imago grundverschieden ist, so muß hier eine sehr weitgehende Umgestaltung vor sich gehen. Sichere Einzelheiten stehen aber noch nicht fest.

Die Gonaden erfahren ihre hauptsächliche Entwicklung in der Puppenzeit (s. dazu auch GEIGY 1931). Sie liegen bei der Larve seitlich im Fettkörper des fünften Abdominalsegments und sind schon in den jüngsten Larven als einfache Zellgruppen zu erkennen (Abb. 1, 2, 18, 20, 32). Die Hoden sind während der Larvenzeit bedeutend größer als die Ovarien. Sie sind elliptisch, die Ovarien fast kugelig. Hoden sowie Ovarien enthalten neben den relativ großen Keimzellen (Ovogonien bzw. Spermatogonien) eine große Anzahl bedeutend kleinerer Zellen (wahrscheinlich mesodermaler Herkunft), die im Ovar (nach GEIGY 1931) die Hüllen von Eiröhren und ganzem Ovar, sowie Follikelepithel, Endfäden und Eiröhrenstiele ergeben. Im Hoden bilden sie die Hodenwand (Tunica) und einen Teil der Ausführgänge. Der Hoden der Vorpuppe (Abb. 20) ist elliptisch und hat etwa ein Zehntel der Puppenlänge. Kopfwärts liegen die jüngsten Keimzellen, am caudalen Ende liegt eine Gruppe kleinerer (mesodermaler?) Zellen, die nach GEIGY die Hoden- und Spermiduktwand bilden. Fertige Spermien treten zuerst in der jungen Puppe auf (Abb. 33). Sie sind in Gruppen bis zu 50 etwa in eine Riesenzelle eingepflanzt (GUYÉNOT und NAVILLE 1929). Der Hoden wächst während der Puppenzeit stark in die Länge, wird dabei schmäler und legt sich allmählich in Spiralwindungen.

Das Ovar der Vorpuppe ist schwachelliptisch und mißt etwa ein Zwanzigstel der Puppenlänge. Während der Puppenzeit wächst das Ovar äußerst stark heran (Abb. 34). Es sondern sich in der kompakten Zellmasse längliche Zellhaufen, die Eiröhren, voneinander, an die cranial als Endfaden und caudal als Eiröhrenstiel je eine Zellschnur angeheftet sind. Die Eiröhren enthalten die Ei- und die Nährzellen und werden vom kleinzelligen Follikelepithel umhüllt. Zwischen den Eiröhren liegen weitere kleine Zellen (Füllgewebe). Die Eiröhren werden durch Querwände des Follikelepithels, vom caudalen Ende beginnend, in fünf bis sechs Eifächer unterteilt. In jeder Kammer, außer der jüngsten der sog. Endkammer (die eine größere Anzahl Zellen enthält), sind eine Eizelle und 15 aus Keimzellen hervorgegangene Nährzellen enthalten. Die Zahl der Eiröhren schwankt je nach der Ernährung der Larve, aber wenigstens sind es zehn pro Ovar (DOBZHANDSKY 1924). Beim Schlüpfen der Imago enthält das Ovar noch keine reifen Eier.

Der großzellige larvale Fettkörper (Abb. 1, 2, 18, 19, 20) erfährt während der Puppenzeit nur geringfügige Veränderungen. Die Zellen der Lappen lösen sich voneinander los (Abb. 24, 25, 39). Das viel kleinzelligere imaginale Fettgewebe tritt gegen Mitte der Puppenzeit in Erscheinung. Die schlüpfende Imago enthält noch reichlich larvalen Fettkörper, der nur ganz allmählich abgebaut wird (Abb. 62).

Über die Entwicklung des *Tracheensystems* fehlen nähere Feststellungen. *Das Herz* zeigen Abb. 20, 39.

Die *Leucocyten* dürften, nach dem mikroskopischen Bild zu schließen, auch bei Drosophila eine große Rolle beim Abbau der larvalen Gewebe spielen (Abb. 24, 25, 26, 34) (Körnchenkugeln WEISMANNS 1864, vgl. auch PÉREZ 1910).

Die in der Puppenzeit aufgebauten imaginalen Gewebe haben mit ganz wenigen Ausnahmen viel geringere Zellgröße als die der entsprechenden Organe in der Larve des dritten Stadiums.

Ein kurzer Überblick über den *zeitlichen Verlauf* der wichtigsten dieser *inneren* Vorgänge zeigt, daß innerhalb der ersten Stunden der Vorpuppenzeit sich folgendes abspielt. Blutzellen werden in größerer Menge (vor allem im Thorax) sichtbar. Im Mitteldarm vermehren sich stark die imaginalen Zellnester, bis das imaginale Epithel zusammenhängend wird. In der eintägigen Puppe (seit der Stigmenausstülpung, bei 25° C) ist die thorakale Hypodermis infolge der Scheibenausstülpung schon imaginalzellig, während im Abdomen zwischen den kleinen scheibenförmigen Inseln imaginalen Epithels noch die larvalen Hypodermiszellen liegen. Das Puppenchitin bedeckt den ganzen Körper unter der erhärteten Larvenhaut. Der Aufbau der imaginalen Tracheenstämme ist im Gange. Die Zellen des larvalen Fettkörpers haben sich voneinander losgelöst und erfüllen gleichmäßig die ganze Leibeshöhle. Die larvalen Speicheldrüsen sind schon abgebaut. Im Mitteldarm ist das larvale Epithel im Lumen der neugebildeten Darmwand zusammengeballt. Die Wand des Vorderdarms ist ebenfalls neugebildet und die Bildung des imaginalen Proventrikels ist im Gange, während der Enddarm noch stark im Umbau begriffen ist. Die larvale Muskulatur des Thorax, noch nicht die des Abdomens, ist verschwunden, und die ersten Anlagen der Flugmuskeln zeigen sich. — In einer zweieinhalbtägigen Puppe ist auch im Abdomen die imaginale Hypodermis zusammenhängend geworden. Die imaginale Cuticula bedeckt unter der abgehobenen Puppencuticula den ganzen Körper als zarte Haut. Borsten oder Haare sind noch nicht vorhanden. Kropf und Proventrikel sind in den wesentlichen Zügen fertiggebildet, in der Rektalampulle sind die vier Rektaldrüsen in ihrer typischen Form zu erkennen. Die longitudinalen Flugmuskeln reichen durch die ganze Länge des Thorax und sind bereits von Tracheolen in großer Zahl durchwachsen.

Bis zum Schlüpfen der Imago erfolgen so gut wie keine organologischen Bildungsprozesse mehr, d. h. es spielen sich vor allem Differenzierungsprozesse ab. Unter anderem bilden sich die Borsten und die Pigmentierung der Augen vollzieht sich.

IV. Die Imago.
a) Das Äußere.

α) Größe und Farbe. Die Größe und Farbe der Imago sind in Abhängigkeit von den Außenbedingungen, vor allem von der Ernährung Temperatur und Feuchtigkeit, denen die Entwicklungsstadien ausgesetzt waren, starken modifikatorischen Schwankungen unterworfen. Insbesondere kann die Größe ganz außerordentlich beeinflußt werden. Die durchschnittliche Länge der Männchen ist 2 mm, die Weibchen sind unter gleichen Bedingungen stets etwas größer. Die frischgeschlüpften Imagines sind, mit Ausnahme der Augen, nur schwach pigmentiert. Die Farbe der ausgefärbten Fliege ist hell braungelb mit Ausnahme von Rücken und Seiten von Thorax und Scutellum, die mehr rotbraun sind, der dunkel zinnoberroten Augen (Mischung eines purpurroten und ockergelben Pigments, s. u.) und des Abdomens. Dieses ist blasser gelb und trägt beim Männchen am Hinterrand der ersten und zweiten Dorsolateralplatte eine schmale, am Ende des dritten Segments eine breite schwarze Binde, die hinteren Dorsolateralplatten sind schwarz. Beim Weibchen sind die ersten fünf Dorsolateralplatten nur am Hinterrand schwarz, die hinteren Platten sind ebenfalls ganz schwarz.

β) Körpergliederung (Abb. 35—38). In dem Chitin der *Kopfkapsel* zeichnen sich konstant verlaufende Nähte ab; dadurch werden folgende Partien unterscheidbar. Die Stirne (frons) ist die Fläche zwischen den dorsalen Augenrändern, hinten bis zum Scheitel reichend, vorne bis zur dorsalen Basis der Antennen. Unter der Stirn, zwischen den Antennen, liegt das Gesicht (facies), das kielförmig (carina) vorspringt. Es grenzt ventral an den clypeus, der direkt über der Basis des Rostrums liegt. Das Rostrum ist der basale Abschnitt des Rüssels (mit dem Pharynx). Die dorsale Kante des Kopfes ist der Scheitel (vertex); die Hinterseite heißt Hinterkopf (occiput). Rings um jedes Auge läßt sich eine Partie abgrenzen, die allgemein orbita heißt, ventral unter dem Auge Wange (gena) genannt wird. Ventral von der Wange liegt die bucca. Über die Sinnesorgane des Kopfes s. u. — Die vorderen und dorsalen Teile der Kopfkapsel, die Augen und Antennen gehen aus dem Paar der großen cephalen Imaginalscheiben der Larve hervor (CHEN). Der Rüssel und die angrenzenden unteren Teile der Kopfkapsel werden aus den Labialscheiben der Larve gebildet.

Der starre Chitinpanzer des *Thorax* ist ebenfalls durch Nähte in ein System von Platten unterteilt, die z. T. den ontogenetischen Teilen der drei Thorakalsegmente entsprechen und daher ihre Namen haben. Der Prothorax ist sehr klein, zu ihm gehören die humeri (enstanden aus den vorderen dorsalen Imaginalscheiben der Larve) und die Propleuren mit den Vorderbeinen (aus den vorderen ventralen Imaginalscheiben entstanden). Zum Mesothorax, bei weitem dem größten Teil des Thorax gehören: das Mesonotum mit den Flügeln und das Scutellum (alle aus den mittleren dorsalen Imaginalscheiben) sowie die seitlich darunterliegenden Mesopleura und Pteropleura, die von der sog. Quernaht (sutur, die auch ein Stück auf das Mesonotum heraufzieht) gegeneinander abgegrenzt werden. Zum Mesothorax gehören noch die Sternopleuren mit den Mittelbeinen (aus den mittleren ventralen Scheiben). Der Metathorax ist wieder kleiner und besteht aus dem Metanotum mit den Halteren (aus den hinteren dorsalen Scheiben) und den Hypopleuren mit den Hinterbeinen (aus den hinteren ventralen Scheiben). Der Thorax trägt zwei Paar Stigmen. Das vordere Stigma liegt am Hinterrande des Prothorax unter jedem Humerus. Das hintere am unteren Rande des Metanotum.

Das Abdomen besteht aus gegeneinander beweglichen Segmenten. Die Dorsalseite jedes Segments wird von einer großen Chitinplatte bedeckt, die auch bis etwa zu den Seitenmittellinien herabreicht. Die Dorsolateralplatten der beiden ersten Segmente sind verschmolzen, doch zieht eine große Querfurche durch die Mitte dieser Verschmelzungsplatte. Es folgen beim Weibchen sechs deutlich getrennte Platten (die beiden letzten sind bedeutend kleiner als die vorderen), hinter der letzten liegt die Analpapille mit den Analplatten (s. u.). Beim Männchen folgen auf die erste + zweite Platte noch vier deutliche Platten etwa gleicher Größe, deren letzte aber das Verschmelzungsprodukt aus sechs + sieben darstellen dürfte. Dahinter liegt der Genitalbogen (s. u., gedeutet als achte + neunte Platte). Unter dem seitlichen Rand der Dorsolateralplatten liegen die einfachen kleinen Stigmen des Abdomens, im ganzen sieben Paar. Im ersten + zweiten Segment zwei, beim Männchen außerdem zwei im sechsten + siebenten Segment, sonst ein Paar pro Segment. Die Ventralseite des Abdomens ist weichhäutig, die feinen Haare sind hier in zahlreichen Längsreihen angeordnet. In der Mitte liegen rechteckige, mit mittelgroßen Borsten besetzte Platten (Sternite), beim Weibchen sind es sechs, beim Männchen vier. Die vierte des Männchens ist wahrscheinlich ein Verschmelzungsprodukt.

γ) **Extremitäten.** Die Beine (Abb. 35) gliedern sich in der typischen Weise in Coxa, Trochanter, Femur, Tibia und den fünfgliedrigen Tarsus. Die Mittelbeine und Hinterbeine sind etwa gleichlang, die Vorderbeine kürzer. Doch sind die Coxen der Vorderbeine etwa doppelt so lang als die des zweiten und dritten Beinpaares. Der Trochanter ist bei allen Beinen ein ganz kurzes Zwischenstück. Femora und Tibien sind einander ziemlich gleichlang, von den fünf Gliedern des Tarsus sind die beiden ersten bedeutend länger als drei, vier und fünf. Das fünfte trägt die beiden Klauen und Pulvillen. Die Flügel haben die gleiche Länge wie der Körper (ca. 2 mm). Sie sind farblos durchsichtig und weisen ein sehr einfaches Geäder auf. Über die Bezeichnung der Adern und Zellen s. Abb. 40. Die Halteren sind bei der Besprechung der Sinnesorgane beschrieben.

δ) **Beborstung (Chaetotaxis).** Der ganze Körper und die Extremitäten von Drosophila sind mit äußerst feinen Chitinhaaren bedeckt. (Die Beborstung der Flügel und Augen ist dagegen etwas abweichend.) Zwischen diesen Haaren stehen bedeutend größere Borsten, die in allen Größenabstufungen vorkommen. Wahrscheinlich sind die meisten von diesen in Zahl, Größe und Anordnung weitgehend konstant. Da es aber unmöglich ist, alle diese größeren Borsten zu beschreiben, so seien nur die hervorgehoben, die für die Systematik von Bedeutung sind (STURTEVANT 1921). Diese Borsten sind auf den Abb. 35—37 nach Zahl, Größe und Anordnung naturgetreu dargestellt.

Auf dem *Kopf* stehen neun Paare solcher Borsten, und zwar jederseits eine Borste hinter dem vorderen Ocellus (ocellares), eine hinter jedem der hinteren Ocellen (postverticales), zwei über der hinteren oberen Ecke der Orbita (verticales) und drei über deren vorderen oberen Rand (orbitales). Außerdem stehen in der Reihe der Vibrissen (orales) zwei besonders große Borsten an der vordern Ecke jeder Bucca. Die Fühlerborste (arista) ist keine Borste im gebräuchlichen Sinn. Sie besteht aus einem sehr kurzen Basalgliede und einem langen Endgliede. Letzteres trägt dorsal fünf, ventral drei Seitenzweige, sowie eine Reihe kleinerer Borsten. Die Zahl der großen Seitenzweige kann um eins erhöht sein (STURTEVANT). Die Arista erhebt sich auf dem Endglied (dritten) der Antenne und dürfte dem reduzierten Endteil der Antenne anderer Dipteren entsprechen.

Auf dem *Thorax* sind 16 Borsten jederseits von Wichtigkeit. Zwei auf dem Humerus (humerales), zwei am unteren Seitenrande des Mesonotum, beide vor der Sutur (notopleurales); eine in gleicher Höhe wie die vordere derselben aber weiter dorsal (praesuturalis). Zwei Borsten stehen dorsal von der Flügelwurzel, nahe hinter der Sutur (supraalares), zwei über der Flügelwurzel, am Hinterrande des Mesonotum (postalares). Auf dem Scutellum stehen jederseits zwei besonders lange Borsten (scutellares) am Rande; und vor ihnen auf dem Mesonotum je zwei (dorsocentrales). Auf den Partien des Thorax, die ventral vom Flügel und vom Seitenrand des Mesonotum liegen, stehen keine Borsten mit Ausnahme der Sternopleura, die drei systematisch wichtige Borsten trägt (sternopleurales). Zwischen diesen großen Borsten ist die Dorsalseite des Thorax mit zahlreichen kleineren besetzt. Von diesen sind die median von den dorsocentrales stehenden (acrostichales) in acht Längsreihen angeordnet.

Auch das *Abdomen* trägt dorsal zahlreiche Borsten, die nach dem Hinterrande jeder Dorsolateralplatte zu größer werden. An der Basis des Abdomens stehen die kleinsten Borsten. Die Sternite tragen ebenfalls welche, während die weichhäutigen Teile nur mit feinen Haaren bedeckt sind. Die Beine sind in ihrer ganzen Länge beborstet. Die Borsten stehen in Längsreihen wie die kleineren auf dem Thorax, daraus ragen einige größere, die konstant sein dürften. Das terminale Ende der Tibia des ersten Beines, das erste Tarsalglied des ersten Beines und das erste Tarsalglied des dritten Beines tragen bei beiden Geschlechtern an ihrer Innenseite eine Anzahl dichter Querreihen von Borsten. Dagegen ist der sog. Geschlechtskamm, eine Reihe von neun bis zehn schwarzen kurzen Borsten am ersten Tarsalglied des ersten Beines nur bei den Männchen vorhanden.

b) Die Sinnesorgane.

Der Bau der Komplexaugen (Abb. 28, 29, 42). Jedes Komplexauge besteht aus etwa 700 Ommatidien. Diese sind langgestreckte Kegel, deren schmales Ende auf der Basalmembran ruht, die das äußere Augenganglion peripherwärts begrenzt. Bei weitem den längsten Abschnitt des Ommatidiums nehmen die Retinulazellen ein. Sie sind die eigentlichen Sinneszellen, sind zu siebt in einer Rosette angeordnet und tragen jede axial eine Sinnesleiste besonderer Struktur, das Rhabdomer. Die sieben Rhabdomeren bilden zusammen das Rhabdom. Sechs Retinulakerne liegen in gleicher Höhe im äußeren Viertel des Ommatidiums, der siebente liegt etwas mehr basalwärts. Eine achte, anscheinend stark reduzierte Retinulazelle liegt nahe der Basis des Kegels. Ihr Kern ist deutlich zu erkennen. Die Retinula wird von sechs langen Pigmentzellen (Nebenpigmentzellen) umhüllt, die von einem purpurroten körnigen Pigment erfüllt sind (JOHANNSEN 1924). Ihre Kerne liegen etwas peripher von dem Ende der Retinula. Sie umhüllen hier zugleich die proximale Spitze des Pseudoconus. Dies ist der dioptrische Apparat, ein Kegel aus vier mit gallertiger Masse erfüllten Zellen, umhüllt von zwei Pigmentzellen (Hauptpigmentzellen), die ein ockergelbes körniges Pigment enthalten. Die Kerne der Pseudoconuszellen liegen im fertigen Auge basal unter dem Pigmentmantel und umstellen zu viert das distale Rhabdomende, welches etwas über die Retinula hinausragt. Die Cuticularlinse schließt das Ommatidium nach außen ab. Sie ist außen konvex, innen schwach konkav, sechseckig und trägt an jeder zweiten Ecke ein Haar. Das Auge ist in der Mitte höher als am Rande.

Drosophila hat drei einlinsige **Ocellen** auf der Stirn (Abb. 36, 37), die von je einem starken Nerven versorgt werden. Unter der Cornealinse befindet sich eine flache Zellschicht (Corneagenschicht), darunter die hohe Retinazellschicht, die basal Pigment enthält.

Zahlreiche Sinnesorgane in Gestalt von Borsten oder kleinen Kegeln sind an den **Mundteilen** zu finden. Es handelt sich um Geschmacks- und Tastborsten und -papillen auf den Labellen, die am Rande und zwischen den Pseudotracheen regelmäßig angeordnet sind. Ähnliche Organe finden sich auf den Palpen der ersten Maxille. Auch die Unterseite des Labrum und die Platten des Fulcrum tragen einfache Sinneskörper (die Reusenhaare s. u.). Die Tarsen der Beine sind empfindlich gegen chemische Reize, doch konnten die Sinnesorgane nicht erkannt werden.

Die **Antennen** (Abb. 24, 35—37) sind Träger verschiedener Sinnesfunktionen. Die Antenne ist ein dreigliedriges Organ. Nur das erste kurze Glied (Scapus) enthält Muskulatur, so daß also das zweite und dritte Glied nicht aktiv gegeneinander beweglich sind. Das zweite Glied (pedicellus) ist durch einen kurzen Stiel mit dem dritten und längsten (funiculus) verbunden. Der Stiel ist seitlich mittels einer ringförmigen Gelenkhaut in dem Pedicellus befestigt. Der Pedicellus wird erfüllt von einem großen Chordotonalorgan (JOHNSTONsches Organ), dessen Skolopidien radiär zwischen dem Gelenkring und der äußeren Wand des Gliedes ausgespannt sind. Das JOHNSTONsche Organ wird von HERTWECK als statisches Organ gedeutet. Der Funiculus enthält eine tiefe Grube, deren Wand mit 30 bis 40 Chitinkegeln besetzt ist; jeder Kegel schließt eine Sinneszelle ein. Die Grube wird als Riechorgan angesehen. Die Arista und die Borsten des zweiten und dritten Antennengliedes dienen dem Tastsinn.

Wie die Antennen, so tragen auch die **Schwinger (Halteren)** (Abb. 35—37) verschiedenartige Sinnesorgane. Der Schwinger wird durch eine Einschnürung in die zweiteilige Basis und das Köpfchen gegliedert. Auf dem Köpfchen stehen feine Sinneshaare. Der Basalteil enthält im Innern ein großes und ein kleines Chordotonalorgan, während auf seiner Außenfläche sich drei sog. Papillenfelder befinden, die aus einer größeren Anzahl kuppelförmiger Organe bestehen. Jedes besteht aus einer Sinneszelle, über deren Fortsatz das Chitin kugelig vorgewölbt ist. Diese Organe sollen auf Verbiegung des Chitins reagieren. Sie finden sich auch auf den Flügeladern, besonders am Basalteil des Radius.

Chordotonalorgane befinden sich außer in den Antennen und Schwingern noch im Thorax, in den Beinen und Flügeln. Und zwar ist eines jederseits im Prothorax zwischen der Gelenkhaut des Kopfes und einer Chitinleiste des Thorax ausgespannt. In allen Beinen ziehen durch die ganze Länge des Femur zwei etwa gleichlange Chordotonalorgane. Ihre Enden heften sich an die beiden begrenzenden Gelenke an. Das Chordotonalorgan des Flügels zieht schräg durch den Basalteil des Radius. Die Chordotonalorgane dienen der Kontrolle von mechanischen Spannungen innerhalb des Körpers, besonders an den Gelenkstellen (für die eingehende Beschreibung dieser Organe muß auf HERTWECK 1931 verwiesen werden).

c) Das Nervensystem.

Gehirn (Oberschlundganglion) und Unterschlundganglien sind eng vereinigt und durch den dünnen unpaaren Cephalothorakalstrang mit dem thorakalen Zentrum verbunden, welches außer den drei Paar Brustganglien noch das unpaare Abdominalganglion enthält (s. bei der Puppe). Der Oesophagus zieht zwischen Ober- und Unterschlundganglion durch das sog. Schlundloch (Abb. 31). Das Gehirn besteht fast völlig aus dem Protocerebrum, das Deutocerebrum entspricht nur den Antennenganglien, das Tritocerebrum ist völlig reduziert. Dem Gehirn (Abb. 29) sind seitlich die Augenganglien dicht angelagert, jederseits drei. Das äußere Augenganglion ist der Basalmembran des Auges dicht unterlagert. Man erkennt in ihm zu äußerst eine Fibrillenschicht (Retinafaserbündel), die die Fasern aus den Retinulazellen enthält, nach innen folgt eine Ganglienzellschicht (äußere Körner); die innerste Schicht besteht wieder aus Fasern (Medullarschicht). Und zwar sind in ihr je sechs Bündel „kurzer" Fasern, die aus den sechs gleichartigen Retinulazellen stammen, zu einem sog. Neurommatidium vereinigt. Zwischen den zahlreichen Neurommatidien verlaufen einzelne „lange" Sehfasern (vermutlich den siebenten Retinulazellen zugehörig). Die aus dieser Schicht austretenden Fasern überkreuzen sich im Chiasma externum und treten in die Fasermasse des mittleren Augenganglions ein, welches eine tangentiale Schichtung aufweist. Eine zweite Faserkreuzung, das Chiasma internum, gehört bereits der Fasermasse des inneren Augenganglions zu. Der am vorderen Rande desselben verlaufende Strang (CUCCATIsches Bündel) verbindet die Augenzentren mit wichtigen Hirnteilen. Die Zellen des mittleren und inneren Augenganglions sind relativ klein und stellen die sog. äußere Rindenschicht dar. Am eigentlichen Gehirn hebt sich im Zentrum der Fasermasse der bohnenförmige unpaare Zentralkörper ab (Hauptkreuzungszentrum). Die vorderen Seitenteile werden von den beiden lobi thalamici eingenommen. In der untersten vorderen Gegend des Gehirns, direkt über dem Oesophagus, liegen die Antennenganglien (Antennenlobi) von denen die beiden Antennennerven ausgehen. Die an der Dorsalseite liegenden pilzhutförmigen Körper sind stark reduziert. Außer den „eigentlichen" Ganglienzellen des Gehirns und den kleineren Zellen der Augenganglien finden sich noch vereinzelt Riesenzellen, wie bei der Larve. Der Ocellarnerv tritt an der Dorsalseite des Gehirns aus. Aus dem einfach gebauten Unterschlundganglion treten vor allem ein Paar Labialnerven (für Labellen und Maxillarpalpen) und ein Paar Pharyngealnerven (Fulcrum) aus.

Das Thorakalzentrum (Abb. 30, 31) erhält seine Form durch die Ganglienmassen der Beine, die auch seinen einfachen histologischen Bauplan bestimmen.

Außer den drei Paar Beinnerven treten aus ihm vor allem drei Paar Dorsalnerven aus. Die beiden vorderen innervieren die Thoraxmuskulatur, das hintere die Halteren. Aus dem Abdominalganglion gehen fünf Paar Nerven in das Abdomen ab, zum Teil aus einem einheitlichen Strang, der der Mitte des Ganglions entspringt und das Abdomen durchzieht. Das Zentrum des sehr schwach ausgebildeten viszeralen Nervensystems ist wie bei der Larve das Ventrikularganglion.

d) Der Verdauungsapparat.

Mundteile und Vorderdarm. An dem Rüssel von Drosophila lassen sich in stark modifizierter Form die ursprünglichen Insektenmundteile nachweisen. Doch ist ihre Homologisierung im einzelnen umstritten. Der Rüssel ist ein weichhäutiges, von einigen Chitinteilen gestütztes Gebilde. Er besteht aus zwei Teilen, die gelenkig gegeneinander abgesetzt sind (Abb. 24, 38). Der Basalteil oder Mundkegel (Rostrum) bildet die Vorderunterseite des Kopfes. Der distale Abschnitt (haustellum) besteht aus dem zylindrischen Unterlippenbulbus, der am Ende die beiden Labellen trägt. Unterlippenbulbus und Labellen werden mit dem zweiten Maxillenpaar homologisiert, weshalb die längliche borstenbesetzte Chitinplatte, die ventral im Unterlippenbulbus liegt, als Mentum bezeichnet wird. Die Labellen sind polsterförmige Organe, die jede von sechs bis sieben radiär verlaufenden tracheenartigen Saugröhren (Pseudotracheen) durchzogen werden und am Rande größere Geschmackborsten tragen. Die rinnenförmig eingesenkte Dorsalwand des Unterlippenbulbus bildet den ventralen Boden der Speiserinne, während ihre Dorsalwand von der einfachen eingliedrigen Oberlippe (Labrum) gebildet wird. An der Labrumbasis sitzen jederseits die Reste der ersten Maxillen, der eingliedrige palpus, der einige große Tastborsten trägt und die zu einem kleinen Chitingebilde reduzierten eigentlichen ersten Maxillen (stipes und galea). Die äußere Mundöffnung liegt direkt dorsal hinter den Labellen, die innere eigentliche Öffnung unter der Basis der Oberlippe. An dieser Stelle beginnt also der Pharynx. Er durchzieht aufwärtsbiegend den Mundkegel und ist dorsal und ventral von je einer chitinigen Platte gestützt (sog. fulcrum). Diese Platten sind durch starke Muskulatur voneinander zu entfernen, so daß der Pharynx dadurch zu einem Pumpapparat wird (Abb. 24, 38). Das Rückfließen der Nahrung wird durch Borsten der Dorsalwand des Fulcrums (Reusenhaare, die zugleich Sinneshaare sind) verhindert. In der Dorsalrinne des Unterlippenbulbus ruht ein feiner Hypopharynx. In ihn mündet der gemeinsame Ausführgang der beiden Thorakalspeicheldrüsen, welche als relativ dünne Schläuche geradlinig durch den Thorax ventral vom Darm verlaufen und mit einigen Windungen im ersten Abdominalsegment enden. Der histologische Bau weicht von dem der larvalen Thorakalspeicheldrüsen erheblich ab (Abb. 44), doch ist ihr cranialer Abschnitt ebenfalls spiralig verdickt. Außer diesen Speicheldrüsen besitzt die Imago noch in jeder Labelle eine kleine kugelige, aus wenigen Zellen bestehende Labialspeicheldrüse (Abb. 35). Das Ende des Fulcrums bezeichnet den Beginn des Oesophagus (Abb. 31), der caudalwärts umbiegend das Gehirn durchsetzt und im Beginn des Thorax ventral den unpaaren Kropfgang aufnimmt. Der Kropf (Abb. 38, 45) ist ein sackförmiges Speisereservoir, das ventral im Anfang des Abdomens liegt und je nach seinem Füllungszustand ein sehr verschiedenes Volumen hat. Er ist von einem mächtigen Muskelfasernetz umgeben, im ungefüllten Zustand ist das Epithel sehr stark gefaltet. Hinter der Einmündung des Kropfganges setzt sich der ektodermale Vorderdarm wie bei der Larve in das Innere des kugeligen Proventrikels fort. Dieser hat den gleichen Schichtenbau wie bei der Larve, ist aber im einzelnen ziemlich abweichend (Abb. 37, 43). Es fehlt der Imaginalring. Die Grenze zwischen Vorder- und Mitteldarm ist in die Stelle zu verlegen, wo die dunklen Zellen der Außenwand beginnen (M. STRASBURGER). Der Vorderdarm weist eine deutliche Muskularis und Intima auf.

Mitteldarm und Enddarm. Das geradlinig durch den Thorax verlaufende, als Magen bezeichnete Stück des Mitteldarms ist in Form und histologischem Bau vom übrigen Mitteldarm nicht verschieden. Der Mitteldarm macht dann zwei in der Dorsoventralebene liegende Kreisumläufe, deren erster auf den Magen folgender, von der rechten Seite des Abdomens betrachtet, gegen den Sinn des Uhrzeigers verläuft; der zweite, links vom ersten gelegene verläuft im umgekehrten Sinn (vgl. dazu die Abb. 36—38). Dann wendet sich der Darm nach rechts dorsal und nimmt die MALPIGHIschen Gefäße auf.

Der histologische Bau des imaginalen Mitteldarms gleicht, wie die Abb. 46—48 zeigen, weitgehend dem des larvalen Mitteldarms. Es scheint (M. STRASBURGER), daß im Wechsel Sekretions- und Ruhephasen des Epithels den Mitteldarm von vorne nach hinten durchlaufen. Das histologische Bild des so betroffenen Epithels kann also entsprechend verschieden aussehen. Das Epithel trägt nach dem Lumen zu meist einen hellen Saum (Stäbchensaum); eine dünne Muscularis umhüllt den Mitteldarm. Da die MALPIGHIschen Gefäße (Abb. 37, 38, 49) in der Metamorphose erhalten bleiben, und nicht umgebaut werden, gleichen sie völlig denen der Larve (etwas abweichende Bilder können natürlich durch den verschiedenen Funktionszustand resultieren). Sie sind also sehr großzellig gegenüber anderen Geweben der Imago. Der gemeinsame Ausführgang ihres kopfwärts bis zum Beginn des Abdomens verlaufenden Paares mündet dorsal in den Darm. Das andere Paar verläuft analwärts, sein Ausführgang mündet ventral in den Darm. Alle sind stark verknäuelt. Hinter der Einmündungsstelle der MALPIGHIschen Gefäße beginnt der Enddarm. Er beschreibt eine Schlinge entgegen dem Uhrzeigersinn, die aber in der Horizontalebene verläuft (ihr hinteres Ende liegt dorsal über dem vorderen). Der Enddarm unterscheidet sich histologisch deutlich vom Mitteldarm durch seine starke (entgegen dem Enddarm der Larve extrazelluläre) Muskulatur und die Intima (Abb. 50). Kurz vor dem After erweitert sich das Lumen des Enddarms stark zu der etwa eiförmigen Rektalampulle (Abb. 36,39,51). Epithel und Muskelschicht sind hier sehr flach. In das Innere ragen vier große Drüsen (Rektaldrüsen) hohle Zapfen aus einer Schicht großzelligen Epithels, in deren Achse ein Tracheenbündel hineinzieht. Der After liegt dorsal am Ende des Abdomens auf einer kleinen Papille. Er ist von zwei beborsteten Chitinplatten (Analplatten) umstellt, die beim Weibchen dorsal und ventral von ihm stehen, beim Männchen rechts und links.

e) Der Geschlechtsapparat.

Der männliche Geschlechtsapparat (Abb. 52—55). Die beiden Hoden sind einfach schlauchförmig und in zwei Spiralwindungen aufgerollt. Die Farbe der Hodenwand (tunica, membrana propria) ist ein helles Braungelb. Der Hoden des frischgeschlüpften Tieres enthält vorwiegend fertige Spermien. (Die Spermatozoen sind sehr empfindlich gegen körperfremde Flüssigkeiten, weshalb künstliche Befruchtung unmöglich sein dürfte.) Die Hoden münden in das vas deferens an gleicher Stelle ein wie die beiden kurzschlauchförmigen Anhangsdrüsen (Paragonia), die eine Flüssigkeit, fast nie Spermien enthalten (NONIDEZ). Das vas deferens ist an dieser Stelle ziemlich weitlumig. Analwärts verdünnt es sich stark, aber kurz vor seiner Ausmündung ist ein muskulöser Teil eingeschaltet, die sog. Spermienpumpe (ejaculatory sac), ein bohnenförmiges vierzipfliges Gebilde, das eine Aussackung des vas deferens enthält, die mit zäher Flüssigkeit gefüllt ist. Ein Chitinsklerit kann durch radiär von seinem Ende zu der gegenüberliegenden Wand des Sackes verlaufende Muskelfasern gegen die zähe Flüssigkeit in diesem gedrückt werden. Der Sack dehnt sich bei Erschlaffen der Muskelfasern wieder aus. Der letzte Abschnitt des Ausführganges heißt ductus ejaculatorius. Die Geschlechtsöffnung liegt ventral am Ende des Abdomens. Sie ist umstellt von den Teilen des Kopulationsapparats (Abb. 54, 55). Es sind jederseits zwei dorsoventralgestellte Platten, eine große, hinten ventral in zwei Zipfel auslaufende, die lange Borsten trägt, der Genitalbogen (genital arch) und median von ihr eine bedeutend kleinere (clasper), die mit einigen Zahnreihen besetzt ist; der clasper ist basal der Innenseite des Genitalbogens angesetzt. Der chitinisierte Penis ist eine lange Röhre. Er kann aus der Geschlechtsöffnung ausgestoßen werden. An seinem Ende trägt er sechs teilweise bezahnte Stacheln.

Der weibliche Geschlechtsapparat (Abb. 56—61). Die beiden Ovarien sind elliptisch geformt. Ein Ovar enthält etwa zehn Eiröhren. Die Zahl derselben schwankt aber mit der Ernährung der Larve. Jede Eiröhre ist in eine zarte einschichtige Hülle eingeschlossen und besteht aus fünf bis sechs hintereinandergereihten Kammern, die je 1 Ei und 15 Nährzellen enthalten und von einem einschichtigen Follikelepithel umhüllt sind. Die Kammern sind durch dünne Zellstiele aneinander befestigt. Sie werden nach dem blinden Ende der Röhre zu immer kleiner, die letzte heißt Endkammer und enthält eine größere Anzahl Keimzellen; ein dünner Endfaden schließt die Eiröhre ab. Reife Eier sind im Ovar der frisch geschlüpften Imago noch nicht enthalten. Die Eiröhren jedes Ovars münden in den trichterförmigen Anfangsteil (calyx) des Ovidukts. Die beiden calyces vereinigen sich zum eigentlichen Ovidukt. In ihn münden unmittelbar vor seiner Erweiterung zum Uterus fünf Anhangsdrüsen. Es sind dies ventral das unpaare Receptaculum seminis, ein sehr langer, stark gewundener Schlauch, der bei der Begattung als erstes der drei Receptakeln Spermien empfängt und auch bei der Befruchtung zuerst welche abgibt (NONIDEZ). Dorsal münden in den Ovidukt zwei weitere Receptacula seminis (Abb. 59), stark chitinisierte, pilzhutförmige Körper mit spiralig verdickten Ausführgängen, sowie die beiden kleinen kugeligen Parovarien, die als reine Drüsen anzusehen sind. Hinter diesen Einmündungsstellen erweitert sich der Ovidukt zu einer bauchigen Tasche, dem Uterus, in dem die Befruchtung stattfindet. Sein äußerster Teil heißt vagina. Alle Abschnitte des Ovidukts sind stark muskulös, besonders der Uterus, und von einer Intima ausgekleidet. Die ventral vom After liegende Geschlechtsöffnung ist von zwei sagittalen Platten umstellt (Vaginalplatten, Ovipositorplatten), die terminal eine Reihe von Zähnchen tragen (Abb. 60, 61). Über die Innervierung des Geschlechtsapparats macht HERTWECK einige Angaben.

V. Die Embryonalentwicklung.

Das Ei von *Drosophila* (Abb. 66) hat eine durchschnittliche Länge von 0,56 mm (GEIGY). Es ist weiß bis schwach gelb gefärbt, ventral etwas konvex, dorsal plan oder schwach konkav. Das Vorderende trägt auf einer kleinen Erhebung die Mikropyle, hinter ihr zwei fadenförmige, am Ende verbreiterte Anhänge, die beim abgelegten Ei über die Futteroberfläche herausragen, es vor dem Untersinken schützen und möglicherweise auch der Atmung dienen. Die Eihaut (Chorion) ist mit einem unregelmäßig polygonalen Muster gezeichnet, das den Abdruck des Follikelepithels darstellt. Unter dem Chorion liegt die zarte Dotterhaut (die ebenfalls für Fixierungsmittel ziemlich schwer durchlässig ist). Das gerade befruchtete Ei enthält dorsal, etwa ein Drittel der Eilänge vom Vorderende entfernt den Eikern im Stadium der Metaphase zur ersten Reifeteilung. Das Ei enthält Dotterkugeln verschiedener Größe, die aber am äußersten Vorder- und Hinterende fehlen. In dieser Region des Hinterendes liegen kleine Körnchen in plattenförmiger Anordnung beisammen, die später in die Geschlechtszellen aufgenommen werden. Die äußerste Oberfläche des Eis ist ebenfalls frei von Dotter und stellt das Keimhautblastem vor. Zur Zeit des Eintritts des ersten Spermiums in das Ei wird die erste Reifeteilung zu Ende geführt, der sich die zweite ohne Ruhekernbildung anschließt (HUETTNER). Die drei Richtungskörper bleiben an Ort und Stelle liegen und degenerieren zur Zeit der Blastodermbildung. Die Vorkerne vereinigen sich in der vorderen Eihälfte. Die Furchungsteilungen laufen bis zur Bildung des Blastoderms synchron ab. Im 256-Kernstadium erreichen die Kerne das Keimhautblastem, wobei eine Anzahl als Vitellophagen im Eiinnern zurückbleibt (2—$2^{1}/_{4}$ Stunden nach der Besamung bei 24° C nach GEIGY). Die Furchungskerne sind sich alle morphologisch gleich. Diejenigen, welche in das hintere Polplasma eintreten, nehmen die dort liegenden Granula in sich auf und werden zu Keimzellen (Polzellen), es sind etwa fünf bis zehn (HUETTNER). Sie buchten das Polplasma etwas vor und schnüren sich dann vom Ei ab, so daß sie zwischen hinteren Eipol und Dotterhaut zu liegen kommen, wo sie noch einige Teilungen durchmachen. Währenddem teilen sich auch die Zellen der gesamten Eioberfläche, so daß unter Ausbildung von Zellgrenzen ein hohes Blastoderm entsteht (Abb. 67). Das Blastoderm verdickt sich darauf vor allem ventral und senkt sich in der Medianen der Ventralseite rinnenförmig ein. Die so eingesenkte Schicht grenzt sich ganz vom übrigen Blastoderm ab und legt sich unter diese als unteres Blatt (Mesoderm). An jedem Ende des unteren Blattes trennt sich eine Zellmasse vom Blastoderm und schiebt sich etwas in das Mesoderm hinein: vorderer und hinterer Entodermkeim. Der Keimstreif verlängert sich währenddem (Beginn drei Stunden nach der Besamung bei 24° C) und sein Hinterende schiebt sich dadurch auf die Dorsalseite des Eis herüber. Dabei werden die Polzellen (Keimzellen) und das untere Blatt samt hinterem Entodermkeim mitgeführt. Das hintere Keimstreifende senkt sich in den Dotter ein (Amnionbildung, Abb. 68). Die Polzellen werden in dieser Grube sichtbar, jedoch nur für kurze Zeit; sie wandern dann durch Lücken des Ektoderms in den hinteren Entodermkeim hinein und darauf vermutlich weiter in das Mesoderm. — Die während dieser Vorgänge aufgetretenen Ringfalten, die eine Segmentierung vortäuschen könnten, verschwinden wieder und nun tritt die echte Segmentierung auf

(Abb. 71), zugleich mit der Wiederverkürzung des Keimstreifs, die dessen Hinterende wieder an den Hinterpol des Eis verlagert. Der Mitteldarm entsteht durch die Vereinigung der beiden Entodermkeime, wobei diese den Dotter umwachsen. Auf der Abb. 69 bzw. 70 ist der Mitteldarm schon in Schlingen gelegt. Ebenso sind der Vorder- und Enddarm weitgehend ausgebildet (sie entstehen gleich nach der Wiederverkürzung des Keimstreifs als ektodermale Einstülpungen, die in die Entodermkeime hineinwuchern). Das Zentralnervensystem entsteht ventral als rinnenförmige Einsenkung des Ektoderms. Es wird bedeutend länger angelegt (Abb. 69) als es bei der schlüpfenden Larve ist. Die beiden Tracheenstämme (Abb. 70) entstehen als ektodermale Einsenkungen der Dorsalseite des letzten Segments. Auf der Abb. 70 ist noch bemerkenswert die Anlage des Frontalsacks und die Muskulatur des Pharynx und Hautmuskelschlauchs sowie die Speicheldrüsen. Auf Abb. 69 u. 71 die Gonaden. Über das Schicksal der Keimzellen seit der Einwanderung in den hinteren Entodermkeim besteht noch keine Sicherheit. Die Differenzierung der Gonaden geht während der Embryonalentwicklung soweit, daß zur Zeit des Schlüpfens der Larve die Geschlechter deutlich unterscheidbar sind. Die Länge des Ovars der frischgeschlüpften Larve beträgt (nach KERKIS) 33 μ, des Hodens 47 μ. Die Abb. 71 zeigt eine starke Ausprägung der Segmentierung. Die mesodermalen Derivate (vor allem die Muskeln) sind weiter differenziert als in Abb. 69 bzw. 70.

Auf genaue Altersangaben habe ich verzichtet, da die Feststellung des Alters am *Einzel*falle nicht mit Sicherheit möglich ist[1]. Die Gesamtdauer der Embryonalentwicklung beträgt nach GEIGY bei 24° C etwa 24 Stunden, nach P. S. und C. T. HENSHAW bei 21—25° C etwa 20 Stunden.

---

[1] Über die Technik der statistischen Altersbestimmung s. GEIGY 1931 und P. S. und C. T. HENSHAW: Radiology vol. 21.

Literaturverzeichnis.

ADOLPH, E. F.: Egg-laying reactions in the Pomace Fly Drosophila melanogaster. Jour. Exp. Zoöl. 31. 1920.

ALPATOV, W. W.: Growth and Variation of the Larvae of Drosophila melanogaster. Jour. Exp. Zoöl. 52. 1928/29.

BAUER, H.: Die Feulgensche Nuklealfärbung in ihrer Anwendung auf cytologische Untersuchungen. Z. Zellf. Bd. 15. 1932.

BERLESE, A.: Gli Insetti. Mailand 1909/25.

BRIDGES, C. B. and TH. DOBZHANDSKY: The Mutant „proboscipedia" in Drosophila melanogaster, — a case of hereditary Homöosis. Roux' Arch. Bd. 127. 1933.

CHEN, TSE-YIN: On the Development of the Imaginal Buds in normal and mutant Drosophila. Jour. Morph. 47. 1929.

CUCCATI, J.: Über die Organisation des Gehirns von Somomya erythrocephala. Z. wiss. Zool. Bd. 46. 1888.

CUÉNOT ET MERCIER: Les Muscles du Vol des Mutants alaires des Drosophiles (Drosophila melanogaster). C. rend. Acad. Sc. T. 176. Paris 1923.

DOBZHANDSKY, TH.: Über den Bau des Geschlechtsapparats einiger Mutanten von Drosophila melanogaster. Z. induktive Abst. u. Vererbungsl. Bd. 34. 1924.

— and C. B. BRIDGES: The Reproductive System of triploid Intersexes in Drosophila melanogaster. Amer. Natural. 62. 1928.

FEUERBORN, H.: Über die Genese der imaginalen Thoraxmuskulatur und das Tracheensystem von Psychoda alternata. Zool. Anz. Bd. 71. Leipzig 1927.

FREY, R.: Studien über den Bau des Mundes der Dipteren. Acta Soc. Fenn. Bd. 48. 1921.

GEIGY, R.: Action de l'Ultraviolet sur le Pôle germinal dans l'oeuf de Drosophila melanogaster. Revue Suisse de Zool. T. 38. 1931.

GUYÉNOT, E. et A. NAVILLE: Les Chromosomes et la Réduction chromatique chez Drosophila melanogaster. Cellule, T. 39. 1929.

HENSHAW, P. S. and C. T.: Changes in susceptibility of Drosophila eggs to x-rays. I: A correlation of changes in radiosensitivity with stages in development. Radiology 21 II. 1933.

— Changes in susceptibility of Drosophila eggs to alpha particles. Biological Bulletin, 64. 1933.

HERTWECK, H.: Anatomie und Variabilität des Nervensystems und der Sinnesorgane von Drosophila melanogaster Meigen. Z. wiss. Zool. Bd. 139. 1931.

HUETTNER, A. F.: The origin of the germ cells in Drosophila melanogaster. Journal of Morphology, 37. 1923.

— Maturation and fertilization in Drosophila melanogaster. Journal of Morphology and Physiology, 39. 1924.

HOLSTE, G.: Das Nervensystem von Dytiscus marginalis. Z. wiss. Zool. 1922.

JOHANNSEN, O. A.: Eye-Structure in normal and eye-mutant Drosophilas. Jour. Morph. 39. 1924.

KEILIN, D.: Recherches sur les Larves des Diptères Cycloraphes, Bull. scient. France et Belge Sér. 7 T. 49. 1915.

KERKIS, J.: The growth of the gonads in Drosophila melanogaster Genetics, 16. 1931.

— Development of gonads in Hybrids between Drosophila melanogaster and Drosophila simulans. Journal of Exper. Zool. 66, 3. 1933.

KRAFKA, J.: Development of the Compound Eye of Drosophila melanogaster and its bar-eyed Mutants. Biol. Bull. 47. 1924.

Lowne, B. T.: The Blow-Fly (Calliphora erythrocephala). London 1890/95.
De Meijere, J. C. H.: Beiträge zur Kenntnis der Dipterenlarven und -puppen. Zool. Jahrb. Bd. 40. Jena 1917.
Morgan, Bridges, Sturtevant: The Genetics of Drosophila. Bibliograph. Genet. II. 1925
Noack, W.: Beiträge zur Entwicklungsgeschichte der Musciden. Z. wiss. Zool. Bd. 70. 1901.
Nonidez, J. F.: The internal Phenomena of Reproduction in Drosophila melanogaster. Biol. Bull. 39. 1920.
Painter, Th. S.: The Morphology of the X-Chromosome in Salivary Glands of Drosophila melanogaster and a new Type of Chromosome Map for this Element. Genetics 19. 1934.
Pérez, Ch.: Recherches histologiques sur la Métamorphose des Muscides (Calliphora erythrocephala). Arch. Zool. exp. Sér. 5 T. 4. 1910.
Richards and Furrow: The Eye and Optic Tract in normal and „eyeless" Drosophila. Biol. Bull. 48. 1925.
Rühle, H.: Das larvale Tracheensystem von Drosophila melanogaster Meigen und seine Variabilität. Z. wiss. Zool. Bd. 141. 1932.
Sanchez y Sanchez, D.: L'histolyse dans les Centres nerveux des Insectes. Trav. lab. rech. biol. Univ. T. 21. Madrid 1923.
Schröder, Chr.: Handbuch der Entomologie I und II. Jena 1912/1929.
Snodgrass, R. E.: Anatomy and Metamorphosis of the Apple Maggot (Rhagoletis). Jour. Agri. Research. 28. 1924.
Strasburger, E. H.: Über den Formwechsel des Chromatins in der Eientwicklung der Fliege Calliphora erythrocephala Meig. Z. Zellf. Bd. 17. 1933.
Strasburger, M.: Bau, Funktion und Variabilität des Darmtractus von Drosophila melanogaster Meig. Z. wiss. Zool. Bd. 140. 1932.
Sturtevant, A. H.: The North-American Species of Drosophila. Carnegie Inst. Wash. Publ. 301. 1921.
Timoféeff-Ressovsky, N. W.: Drosophila im Schulversuch. Der Biologe III. Jahrg. H. 6. München 1934.
Weber, H.: Lehrbuch der Entomologie. Jena 1933.
Weismann, A.: Die nachembryonale Entwicklung der Musciden. Z. wiss. Zool. Bd. 14 1864.

Abkürzungen.

L = Larve,
C = Carnoy,
H = Heidenhain,
III = 3. Stadium.

Abb. 1. Vergr. 60. Ältere Larve des 3. Stadiums. Carnoy, Feulgen, total. K = Kopf, $I—III$ = Thorakalsegmente, $1—8$ = Abdominalsegmente, r = rechter Antennomaxillarkomplex, L = chitinige Leisten, H = H-Stück des Mundskeletts, dB = dorsale Brücke der Cephalopharyngealplatten, Pep = äußeres Pharynxepithel, CP = rechte Cephalopharyngealplatte, Mh = linker Mundhaken, Mw = Mundwinkelstücke, St = Tuben der Vorderstigmen ($8—9$), Tr = rechter Tracheenhauptstamm (nicht weiter ausgezeichnet), Oes = Oesophagus, AA = Antennenaugenscheiben, Fl = rechte Flügelscheibe, B_1 = rechte vordere Beinscheibe (ganz ventral gelegen, die mittleren Beinscheiben sind nicht eingetragen), Ha = rechte Halterenscheibe, B_3 = rechte hintere Beinscheibe, Qtr = vordere Quertrachee, Hob = rechte Hemisphäre des Oberschlundganglions, $Päu$ = äußere Wand des Proventrikels (Beginn des Mitteldarms), hz = helle Zellen des Proventrikels, R = Proventrikelrüssel (hinterstes Vorderdarmstück), Sp = rechte Speicheldrüse, Vb = Verbundganglion, Mbl = die zwei rechten Magenblindschläuche, Mpv = ein vorderes Malpighisches Gefäß, Mg = Magen, F = Fettkörper (nur teilweise eingezeichnet), Trs = Tracheenseitenast, Br = Borstenring (am vorderen Rand des vierten Abdominalsegments), Md = Mitteldarm, Edb = Beginn des Enddarms, Ov = Ovar (Länge 40μ, normale Lage am Ende des 5. Abdominalsegments), Mph = hinteres Malpighisches Gefäß, Ed = Enddarm, Hst = Hinterstigmen. — Rückengefäß und Muskulatur nicht eingetragen.

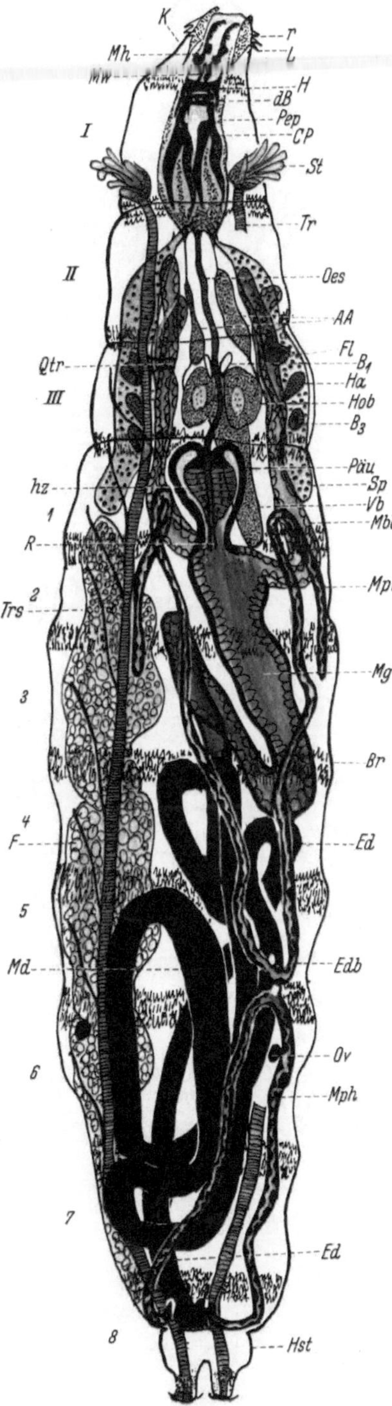

   Larve, total (Schnitt).

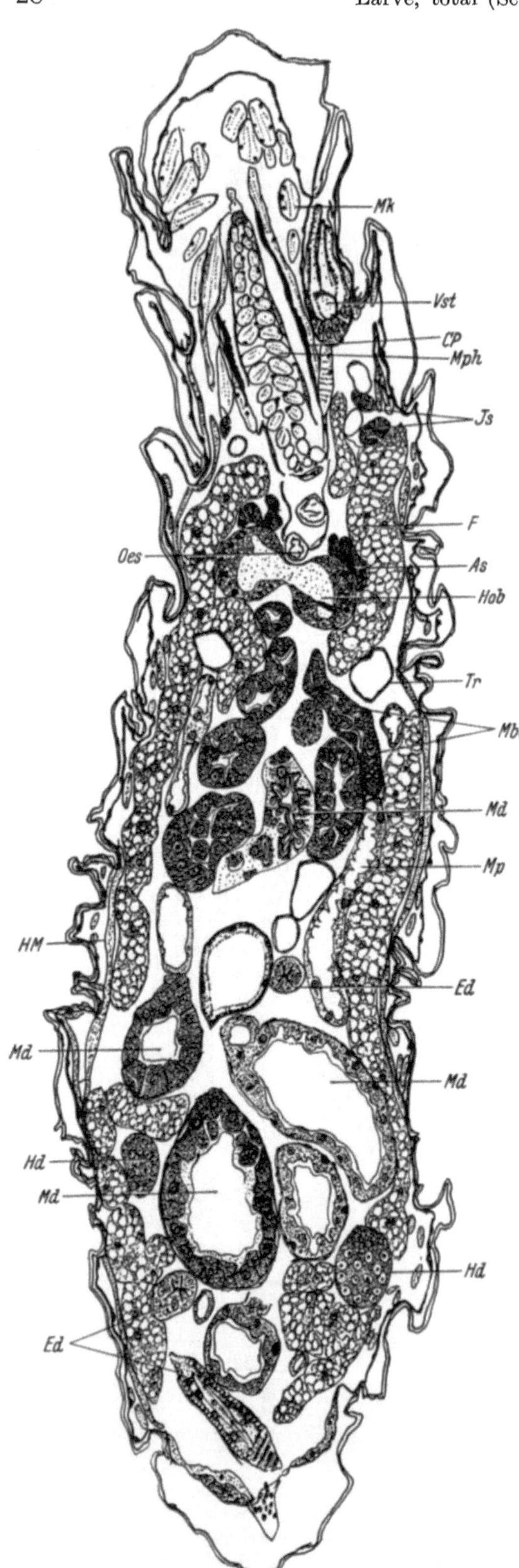

Abb. 2. Vergr. 120. Mittelalte Larve des 3. Stadiums. Carnoy, Heidenhain. *Mk* = Kopfmuskeln, *Vst* = Vorderstigma, *CP* = Cephalopharyngealplatte, *Mph* = Pharynxmuskeln, *Is* = Imaginalscheiben, *F* = Fettkörper, *As* = Augenscheibe, *Oes* = Oesophagus, *Hob* = Hemisphaere des Oberschlundganglions, *Tr* = Tracheenlängsstamm, *Mbl* = Magenblindschlauch, *Md* = Mitteldarm, *Mp* = Malpighisches Gefäß, *HM* = Hautmuskulatur, *Ed* = Enddarm, *Hd* = Hoden.

Abb. 3. Mundhaken der drei Larvenstadien. Nach M. Strasburger.

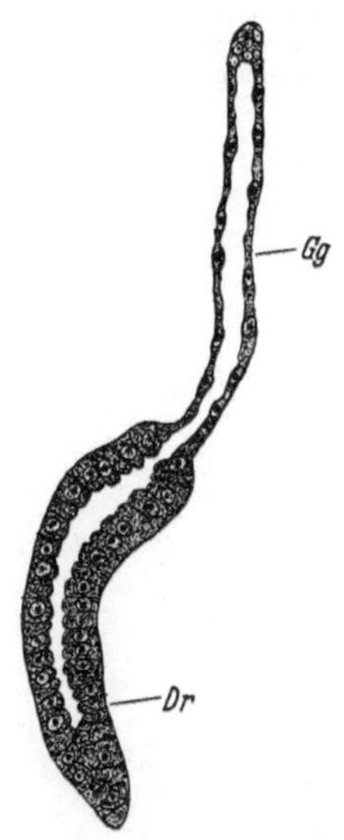

Abb. 4. Vergr. 240. Jüngste
Larve des 3. Stadiums, Carnoy,
Heidenhain. Speicheldrüse (*Dr*)
mit dem paarigen Ausführgang
(*Gg*).

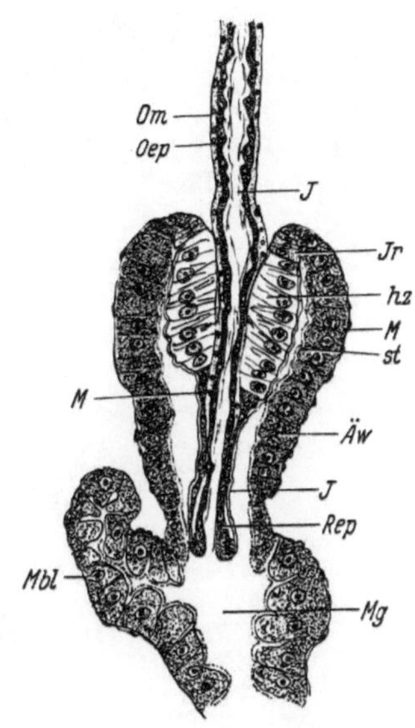

Abb. 6. Vergr. 240. L. III. C. H., Proventrikel; *Om* =
Oesophagusmuskeln, *Oep* = Oesophagusepithel, *I* = Intima, *Ir* = Imaginalring, *hz* = helle Zellen, *M* = Muskulatur, *st* = Stäbchensaum, *Äw* = äußere Wand des
Proventrikels (Beginn des Mitteldarms), *Rep* = Rüssel-
epithel, *Mg* = Magen, *Mbl* = Magenblindschlauch.

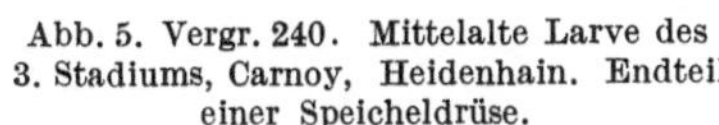

Abb. 5. Vergr. 240. Mittelalte Larve des
3. Stadiums, Carnoy, Heidenhain. Endteil
einer Speicheldrüse.

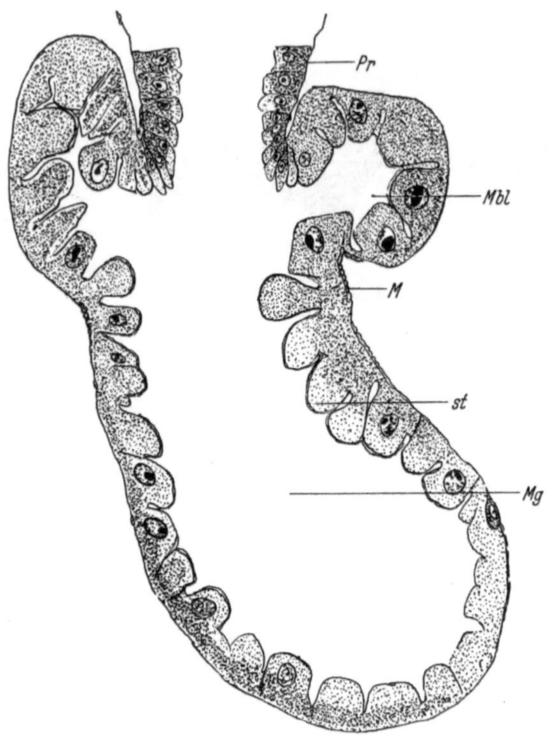

Abb. 7. Vergr. 240. L. III. C. H. Magen;
Pr = Ende des Proventrikels, *Mbl* =
Magenblindschlauch, *M* = Muskelschicht,
st = Stäbchensaum, *Mg* = Magen.

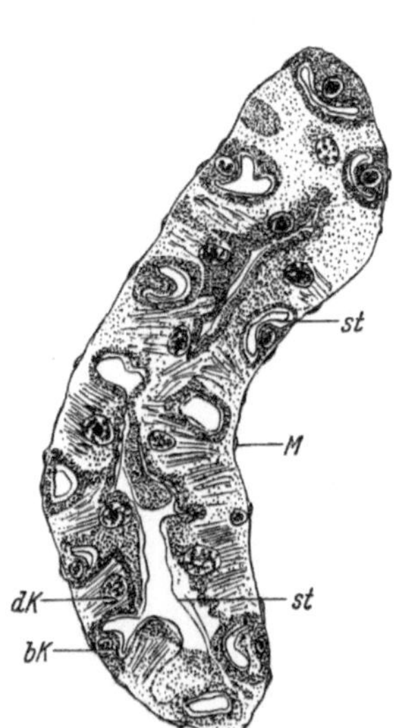

Abb. 8. Vergr. 240. L. III. C. H.,
Vorderster Mitteldarm; *st* = Stäbchensaum, *M* = Muskelschicht, *dk* =
große, distal (nach dem Lumen zu)
gelegene Kerne, *bk* = kleine basale
Kerne.

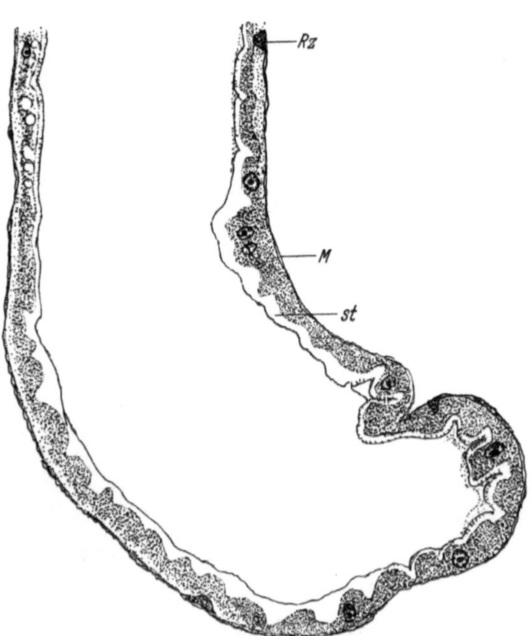

Abb. 9. Vergr. 240. L. III. C. H., Hinterer Mitteldarm;
Rz = Regenerationszellen, *M* = Muskelschicht,
st = Stäbchensaum.

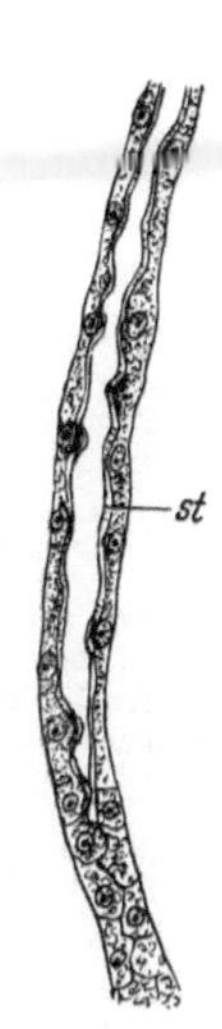

Abb. 10. Vergr. 240. Sehr junge
L. III. C. H., Malpighisches Gefäß
(Mittelteil); *st* = Stäbchensaum.

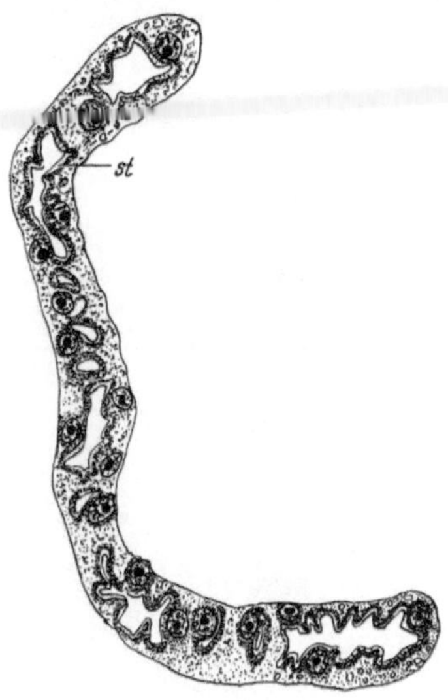

Abb. 11. Vergr. 240. Mittelalte L. III.
C. H.; Malpighisches Gefäß (Mittelteil);
st = Stäbchensaum.

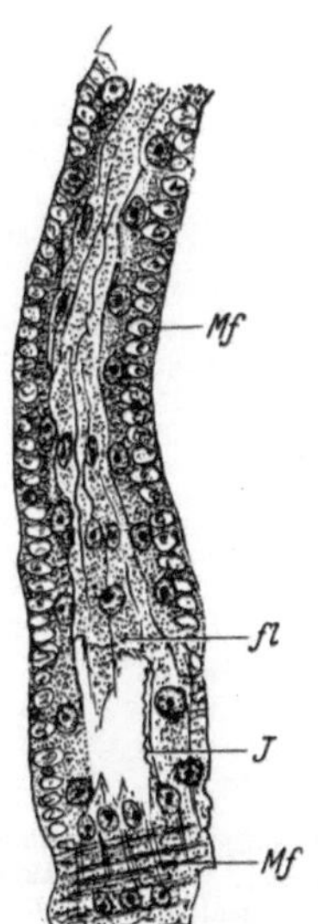

Abb. 12. Vergr. 240. L. III. C. H.,
Enddarm; *Mf* = Muskelfasern (intrazellulär!), *I* = Intima, *fl* = flach-
geschnittene Wand.

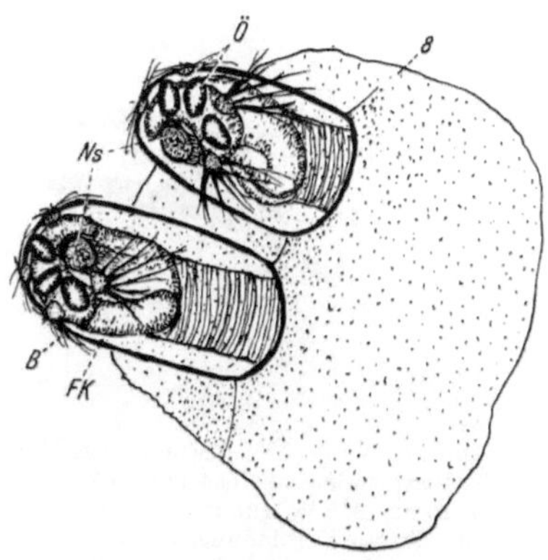

Abb. 13. Vergr. 180. L. III. C. (Feulgen).
Totalpräparat, Hinterstigmen (nur die Chitinteile); *Ö* = Stigmenöffnungen, *Ns* = Narbe
und Narbenstrang, B = Borsten, *Fk* = Filzkammer, *8* = 8. Abdominalsegment.

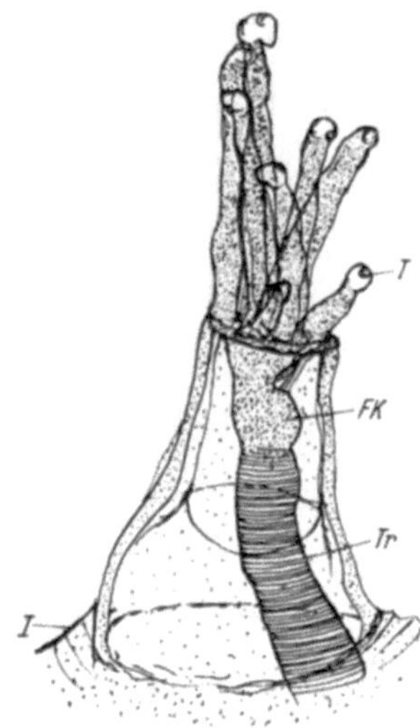

Abb. 14. Vergr. 180. Vorpuppe, Alk. abs. Totalpräparat, Vorderstigma (nur die Chitinteile); T = Tuben (= 8 Stigmenhörnchen), Fk = Filzkammer, Tr = Tracheenlängsstamm, I = 1. Thorakalsegment.

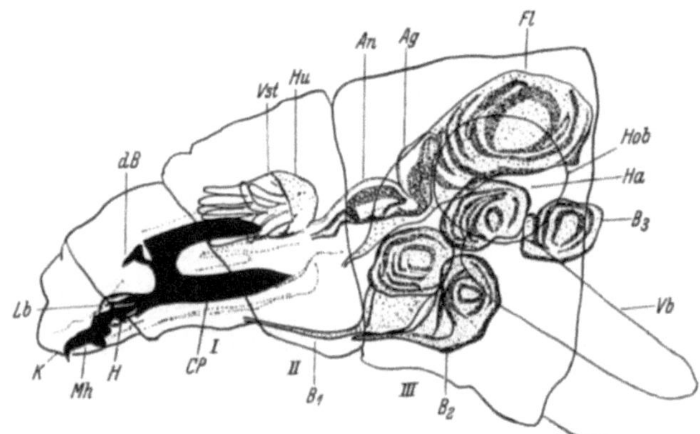

Abb. 15. Vergr. 60. Verpuppungsreife Larve, C. Feulgen, Totalpräparat. Kopf und Thoraximaginalscheiben der linken Seite. K = Kopf, $I—III$ = 1. bis 3. Thorakalsegment, Mh = Mundhaken, H = Hstück, CP = Cephalopharyngealplatten, dB = ihre dorsale Verbindungsbrücke, Vst = Vorderstigma, Hob = Hemisphaere, Vb = Verbundganglion, Lb = Labialscheibe, Hu = Humeralscheibe, $An + Ag$ = Antennenaugenscheibe, Fl = Flügelscheibe, Ha = Halterenscheibe, $B — B_3$ = Scheiben der Beine.

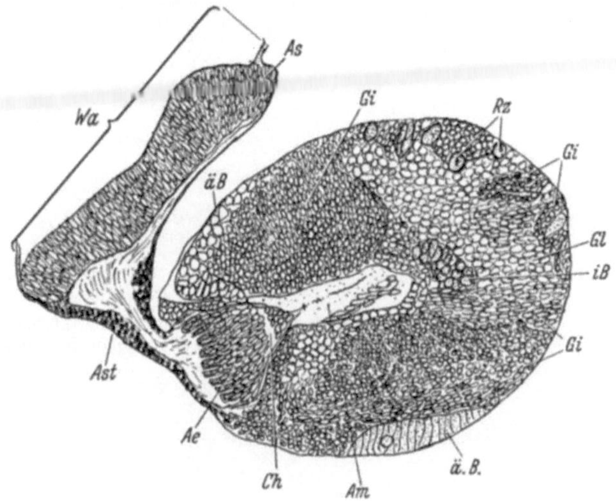

Abb. 16. Vergr. 300. L. III. C. H., Hemisphaere des Gehirns frontal; *As* = Augen-
scheibe, schon mehrschichtig, *Wa* = ihre äußere dünne Wand, *Ast* = Augenstiel,
Ae = äußeres Augenganglion (Zellen = Lamina ganglionaris), *Ch* = äußeres Chiasma,
Am = Fasermasse des mittleren Augenganglions (das innere Augenganglion ist nicht
im Schnitt), *äB* = äußerer Bildungsherd, *iB* = innerer Bildungsherd (die Bildungs-
herde ergeben die äußere Rindenschicht, d. h. die Zellen der Augenganglien der
Imago), *Gi* = Imaginale Ganglienmutterzellen, *Gl* = larvale Ganglienzellen,
Rz = Riesenzellen (Phagocyten?).

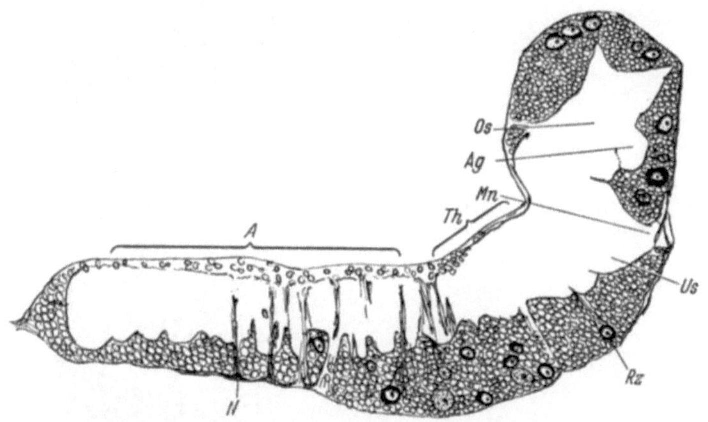

Abb. 17. Vergr. 300. L. III. C. H., Nervensystem, sagittal (alle benannten Organe
sind paarig); *Os* = Oberschlundganglion, *Ag* = Antennenganglion, *Mn* = Maxillar-
nerv, *Us* = Unterschlundganglion, *Th* = die drei Thorakalganglien, *A* = die acht
Abdominalganglien, N = Neurilemm, *Rz* = Riesenzellen.

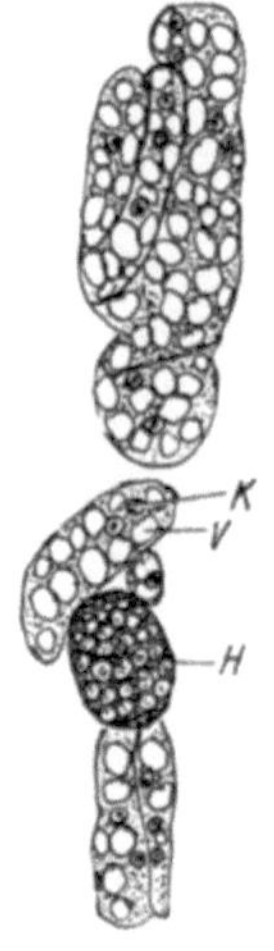

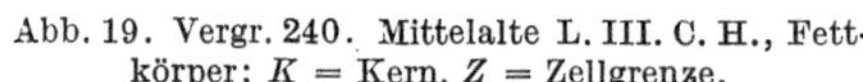

Abb. 18. Vergr. 240. Sehr junge Larve III. C. H., Fettkörper und Hoden; K = Kerne des Fettkörpers, V = Fettvacuolen, H = Hoden.

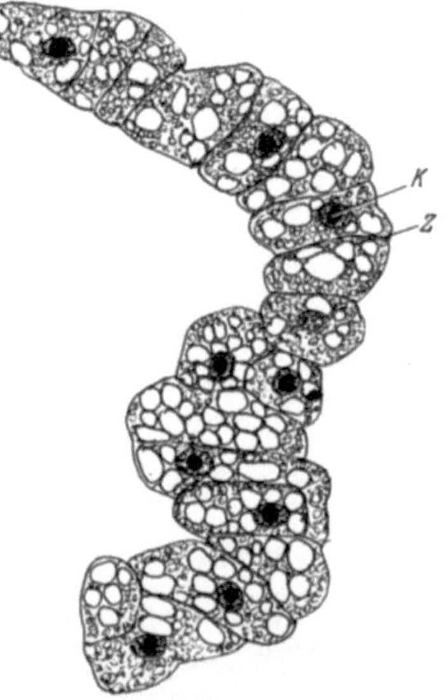

Abb. 19. Vergr. 240. Mittelalte L. III. C. H., Fettkörper; K = Kern, Z = Zellgrenze.

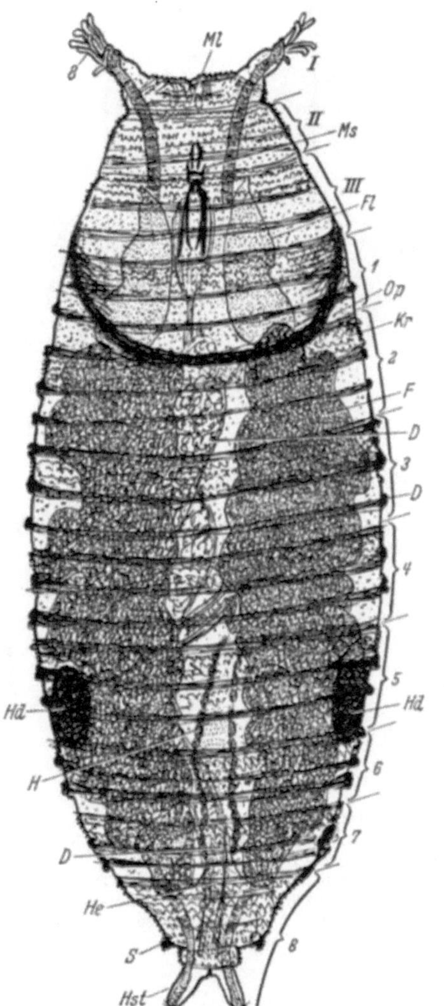

Abb. 20. Vergr. 38. Frisch verpuppte Vorpuppe (von dorsal), Alk. abs., total, Muskulatur nicht eingezeichnet. *Ml* = Rest des larvalen Mundes, *8* bzw. *7* = Zahl der Vorderstigmentuben, *Ms* = das noch nicht ausgestoßene Mundskelett, *Fl* = Flügelscheiben, *Op* = Hinterrand des Operculum (des beim Schlüpfen abgehobenen Deckels), *Kr* = Hakenkränze am Vorderrand der Segmente, *F* = Fettlappen, *D* = Darm, *Hd* = Hoden, *H* = Herz mit den Pericardialzellen, *He* = sein Ende im 7. Abdominalsegment, *S* = Sinneswarzen des letzten Abdominalsegments, *Hst* = Hinterstigmen, *I—III* = Thorakalsegmente (der Kopf ist eingestülpt), *1—8* = Abdominalsegmente.

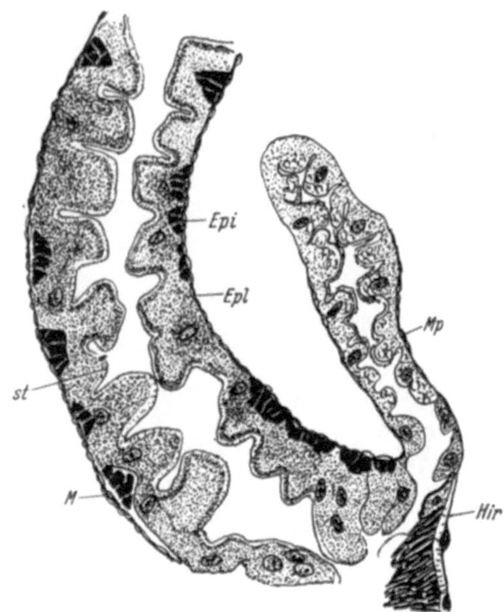

Abb. 21. Vergr. 240. Junge Vorpuppe, C. H., Ende des Mitteldarms; Vermehrung des imaginalen Epithels = *Epi*, *Epl* = larvales Epithel, *M* = Muskelschicht, *Mp* = Malpighisches Gefäß, *Hir* = hinterer Imaginalring, *st* = Stäbchensaum.

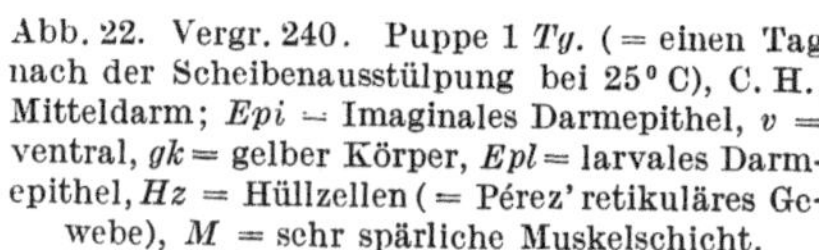

Abb. 22. Vergr. 240. Puppe 1 *Tg.* (= einen Tag nach der Scheibenausstülpung bei 25° C), C. H., Mitteldarm; *Epi* = Imaginales Darmepithel, *v* = ventral, *gk* = gelber Körper, *Epl* = larvales Darmepithel, *Hz* = Hüllzellen (= Pérez' retikuläres Gewebe), *M* = sehr spärliche Muskelschicht.

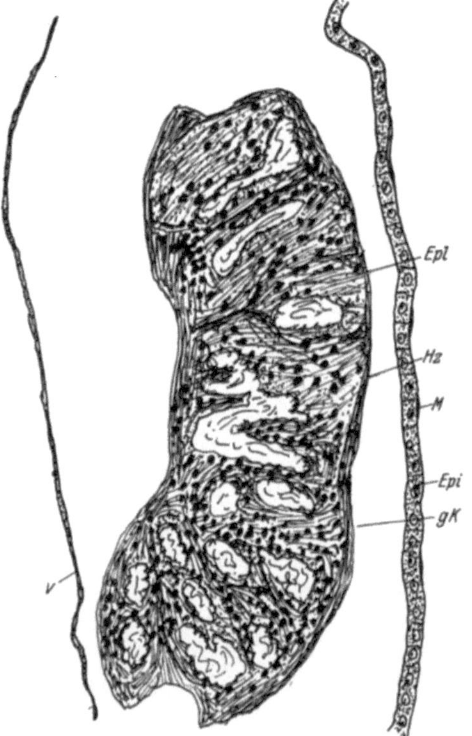

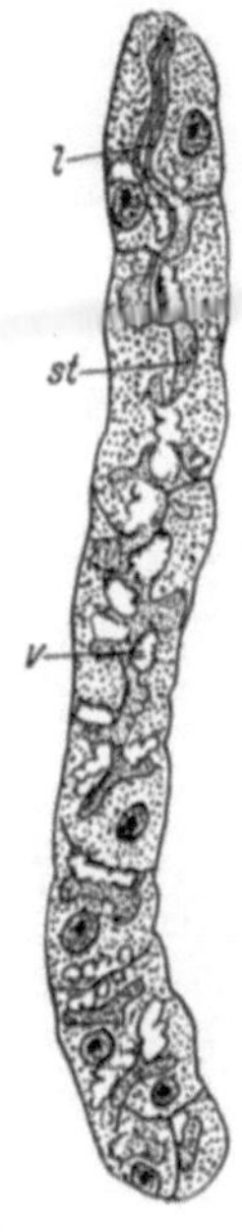

Abb. 23. Vergr. 240. Malpighisches Gefäß einer älteren Puppe;
l = das reduzierte Lumen, *st* = der homogenisierte
Stäbchensaum, *v* = Vacuolen.

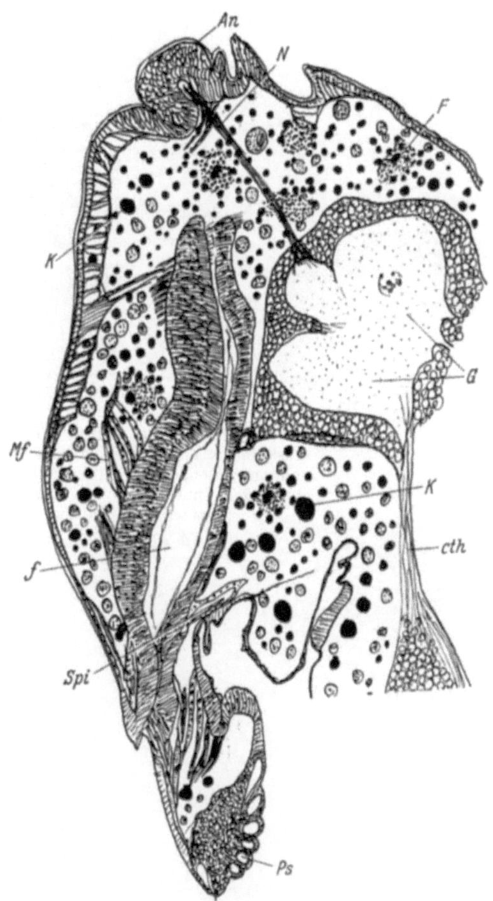

Abb. 24. Vergr. 150. Puppe 1 Tg. C. H., Kopf;
Ps = Pseudotracheen der Labellen, *Spi* = Basis
des imaginalen unpaaren Speicheldrüsengangs,
f = Fulcrum (schon teilweise chitinisiert), *Mf* =
Muskulatur des Fulcrums, *K* = Körnchenkugeln
(in allen imaginalen Geweben vorübergehend ein-
genistet), *An* = Antennenbasis, N = der aus dem
Antennenlobus des Oberschlundganglions ent-
springende Antennennerv, *F* = Fettzelle, *G* = Gehirn (= Ober- und Unterschlundganglien),
cth = Cephalothorakalstrang.

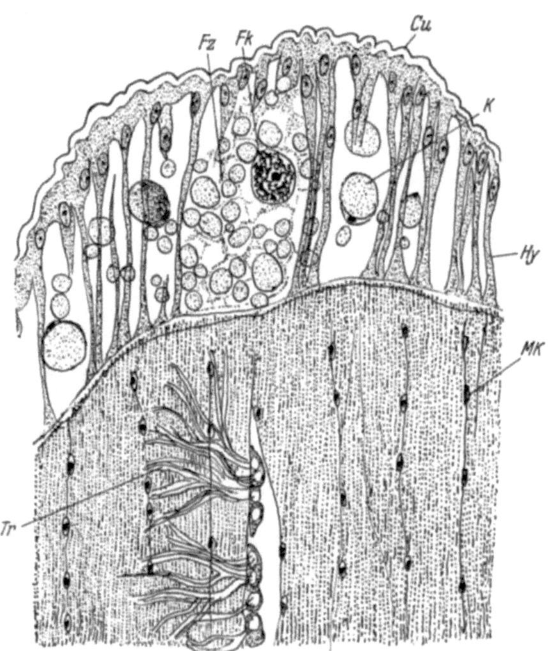

Abb. 25. Vergr. 600. Puppe 3 Tg., C. H., Histogenese der longitudinalen Flugmuskulatur; Querstreifung noch nicht zu sehen; *Mk* = Muskelkerne, *Hy* = Hypodermiszellen, die mit ihren Fortsätzen an die Muskelenden reichen, *K* = Körnchenkugeln mit Sarcolyten (larvalen Muskelresten), *Cu* = imaginale Cuticula,
Fz = Fettzelle mit körnigem Inhalt, *Fk* = ihr Kern, *Tr* = Trachcolen.

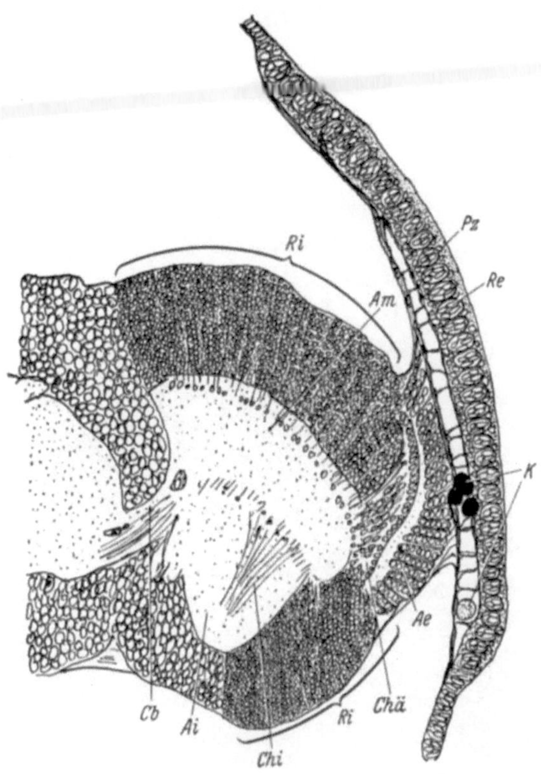

Abb. 26. Vergr. 300. Puppe 1 Tg. C. H., Gehirn mit Auge (etwa frontal); Ri = äußere Rindenschicht (Zellen der Augenganglien), Am = Mittleres Augenganglion, Pz = Pseudoconuszellen, Re = Retinulae, K = Körnchenkugeln, Ae = äußeres Augenganglion, $Chä$ = äußeres Chiasma, Chi = inneres Chiasma, Ai = inneres Augenganglion, Cb = Cuccatisches Bündel.

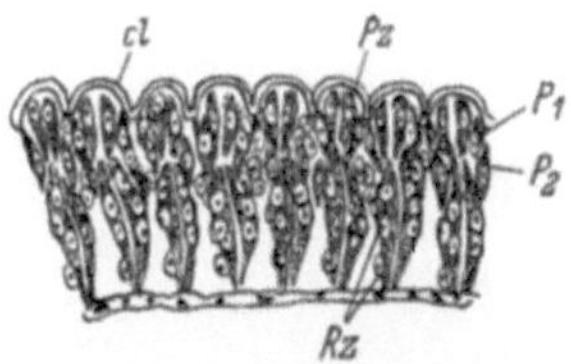

Abb. 27. Vergr. 300. Puppe 2 Tg. C. H., Auge (Mitte); cl = Cornealinse, Pz = Pseudoconuszelle, P_1 = Hauptpigmentzelle P_2 = Nebenpigmentzelle, Rz = Retinulazelle.

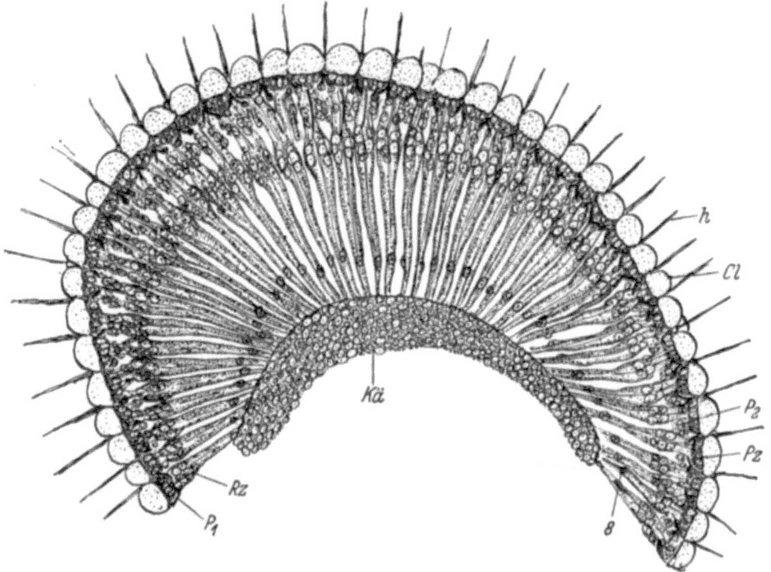

Abb. 28. Vergr. 300. Puppe kurz vor dem Schlüpfen, C. H., Auge; Pz = Pseudoconuszellen, P_1 = die zwei Hauptpigmentzellen, P_2 = die sechs Nebenpigmentzellen,
Rz = sieben Retinulazellen, 8 = die 8. Retinulazelle, $Kä$ = äußere Körnerschicht des
äußeren Augenganglions, Cl = Cornealinse, h = Haare.

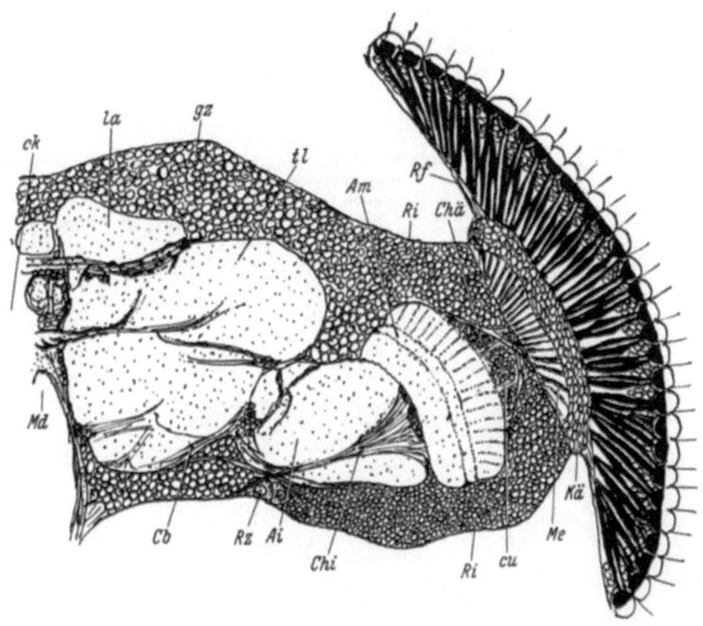

Abb. 29. Vergr. 240. Puppe 4 Tg. C. H., Gehirn mit Auge (frontal, etwas ventral vom Centralkörper); *Md* = Medianlinie, *ck* = Lage des Centralkörpers, *la* = Antennenlobus, *gz* = gewöhnliche Ganglienzellen, *tl* = lobus thalamicus, *Am* = mittleres Augenganglion, *Ri* = äußere Rindenschicht, *Chä* = äußeres Chiasma, *Rf* = Schicht der Retinafaserbündel, *kä* = äußere Körnerschicht des äußeren Augenganglions, *Me* = seine Medullarschicht mit den Neurommatidien, *cu* = Ganglion cuneiforme, *Chi* = inneres Chiasma, *Ai* = inneres Augenganglion, *Rz* = Riesenzellen, *Cb* = Cuccatisches Bündel.

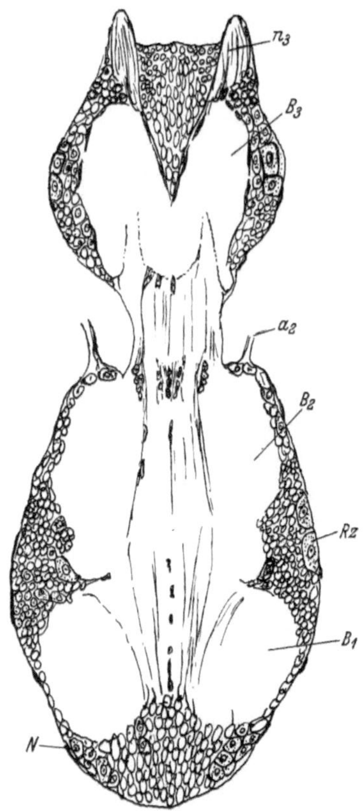

Abb. 30. Vergr. 240. Puppe kurz vor dem Schlüpfen, C. H.,
Thorakalnervensystem frontal; B_1—B_3 = die drei Paar
Beinganglien, a_2 = zweiter akzessorischer Nerv, n_3 = dritter
Beinnerv, Rz = Riesenzellen, N = Neurilemm.

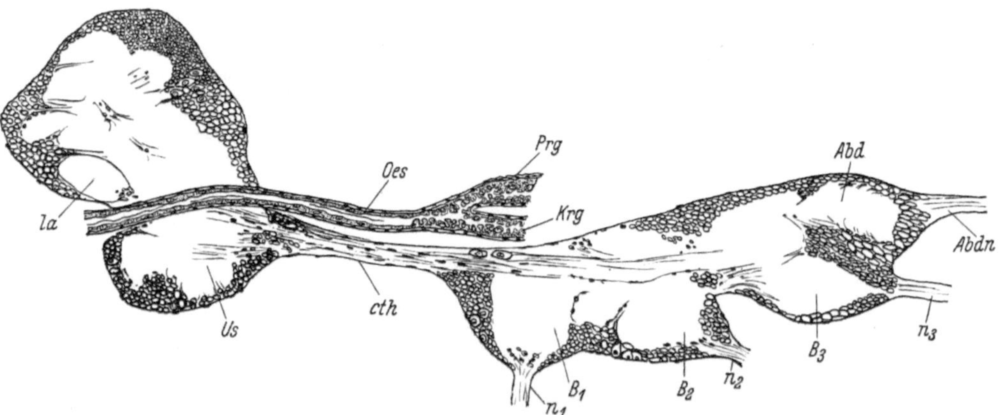

Abb. 31. Vergr. 150. Puppe 4 Tg. (= kurz vor dem Schlüpfen) C. H., Nervensystem sagittal; la = Antennenlobus, Us = Unterschlundganglion, cth = Cephalothorakalstrang, B = Beinganglien, n = Beinnerven, Abd = das
unpaare Abdominalganglion, $Abdn$ = der unpaare Abdominalnervenstrang, Krg = Kropfgang, Prg = Proven-
trikelgang, Oes = Oesophagus.

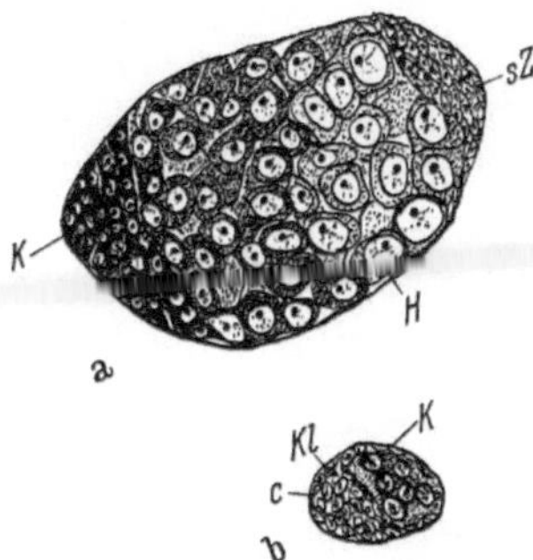

Abb. 32. Vergr. 300. L. III. C. H. a) *Hoden* (dieselbe Larve wie in Abb. 2). *K* = jüngste Keimzellen (craniales Ende), *H* = homogene Hülle, *sZ* = somatische Zellen (Geigys Kanalzellen). — b) *Ovar* (Larve gleichen Alters wie in a); *c* = cranial, *kl* = kleinere Zellen, *K* = Keimzellen.

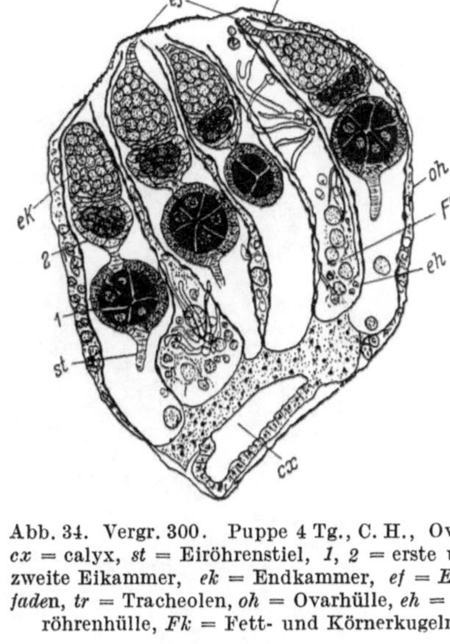

Abb. 34. Vergr. 300. Puppe 4 Tg., C. H., Ovar; *cx* = calyx, *st* = Eiröhrenstiel, *1, 2* = erste und zweite Eikammer, *ek* = Endkammer, *ef* = *Endfaden*, *tr* = Tracheolen, *oh* = Ovarhülle, *eh* = Eiröhrenhülle, *Fk* = Fett- und Körnerkugeln.

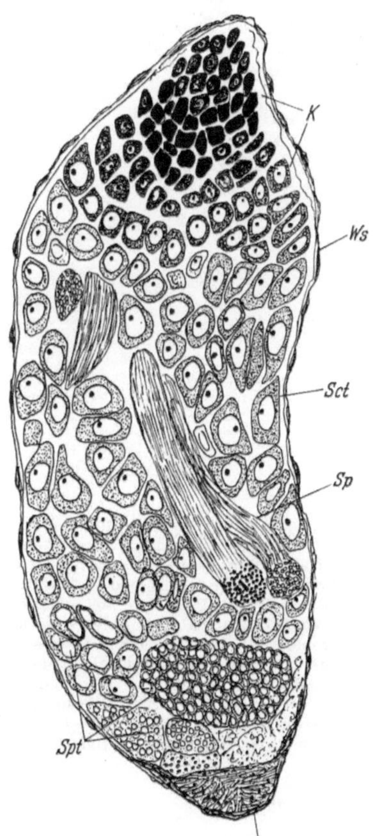

Abb. 33. Vergr. 300. Puppe 1 Tg. C. H., Hoden; *K* = jüngste Keimzellen des cranialen Hodenteils, *Ws* = Hodenwand aus somatischen Zellen, *Sct* = Spermatocyten, *Sp* = Spermienbündel, *Zs* = somatische Zellen, *Spt* = Spermatiden.

Abb. 35. Vergr. 60. Imago, C. Feulgen. Totalpräparat. Körpergliederung, Nervensystem, Borsten; a_1—a_3
= die drei Antennenglieder, ar = Arista, pt = Ptilinum (Stirnsack), fr = frons, v = vertex, ca = carina,
ge = gena, fl = fulcrum, ro = rostrum, ol = Oberlippe (labrum), darunter die ersten Maxillen, lab = Labellen,
mit Labialspeicheldrüse; Borsten auf dem Kopf abgebildet: 2 vordere Vibrissen (unter der carina), dorsal: vorne
3 orbitales, hinten 2 verticales; hu = Humerus, mit den humerales, ventral von ihm die Propleura, mpl = Mesopleura, mit dem vorderen Stigma, Ms = Mesonotum, sr = sutur (Borsten: vor der sutur 2 notopleurales, 1 präsu-
turalis, hinter der sutur 2 supraalares), ventral der Flügelwurzel die Pteropleura; im Flügelgeäder: c = costa,
l_1—l_6 = die Längsadern, al = alula, q = Humeralquerader; sc = Scutellum, mit 2 scutellares; ventral vom Scutellum das Metanotum mit dem Halter (ha) und dem hinteren Stigma; Beine: co = coxa, tr = Trochanter,
fe = Femur, ti = Tibia, ts = erstes Tarsalglied, gk = Geschlechtskamm; die Coxen inserieren in Propleura,
Sternopleura und Hypopleura; durch diese Teile ist das Thorakalnervensystem zu sehen; Abdomen: 1—7 = die
Dorsolateralplatten, gb = Genitalbogen, cl = clasper, apl = Analplatten, ste = Sternite, st = Stigmen.

Abb. 36. Vergr. 60. Imago, C. Feulgen, Totalpräparat. Körpergliederung, Borsten, innere Organe; für die Beschriftung vgl. Abb. 35; im übrigen: Im Kopf ist das Gehirn zu sehen, Borsten auf dem Kopf, jederseits: 3 orbitales (*orb*), 1 ocellaris (*oc*), 1 postverticalis (*pv*), 2 verticales (*v*); *O* = Ocellen. Im Thorax ist der Darm mit dem Proventrikel sichtbar, Borsten des Thorax, jederseits: 2 humerales (*hu*), 2 notopleurales (*npl*),1 praesuturalis (*ps*), 2 supraalares (sa), 2 postalares (*pa*), 2 dorsocentrales (nahe der Mediane), 2 scutellares (auf dem Scutellum). Im Abdomen ist der Darm und der Geschlechtsapparat eingezeichnet. *md* = Mitteldarm, *ed* = Enddarm, *Rdr* = Rectaldrüse in der Rectalampulle, *Mp* = Malpighische Gefäße, *apl* = Analplatte, *Hd* = Hoden, *Adr* = Anhangsdrüse des Geschlechtsapparats, *vd* = vas deferens, *sp* = Spermienpumpe.

                    Imago, total, Weibchen.

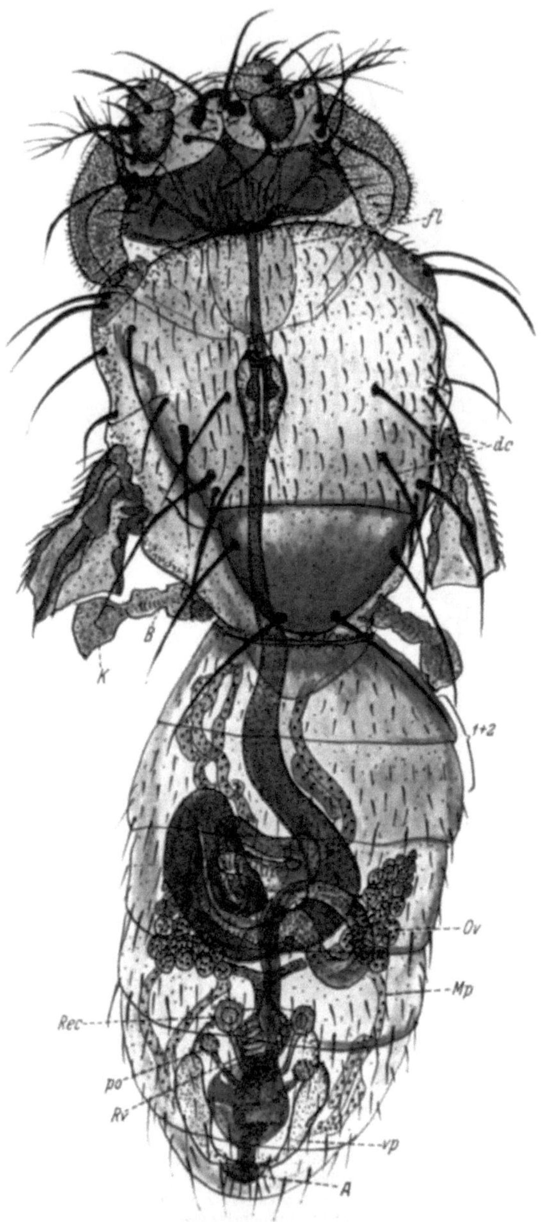

Abb. 37. Vergr. 60. Imago, C. Feulgen, Totalpräparat. Für die Beschriftung vgl. Abb. 35 und 36. Außerdem: Im Gehirn sind deutlich die Augenganglien zu sehen. *dc* = dorsocentrales; zwischen den dorsocentrales der beiden Körperseiten stehen die 8 Acrostichalreihen kleinerer Borsten; *fl* = Fulcrum; am Halter: *B* = Basis, *K* = Köpfchen. *Mp* = Malpighische Gefäße; deutlich sind die Mittel- und Enddarmschlingen, *Ov* = Ovar, *Rec* = Receptaculum seminis, *po* = Parovarium, *Rv* = ventrales Receptaculum, *vp* = Vaginalplatte, *A* = After.

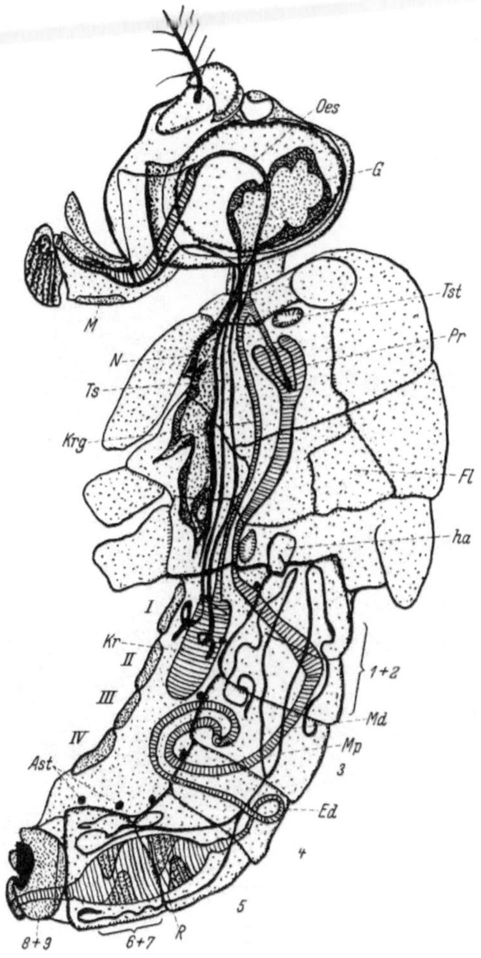

Abb. 38. Vergr. 60. Halbschema einer männlichen Imago. Zur Beschriftung vgl.
die vorigen Abbildungen, ferner: M = Mentum, G = Gehirn, Oes = Oesophagus,
Tst = Thorakalstigma, Pr = Proventrikel, Fl = Flügelbasis, ha = Halterenbasis,
N = Thorakalnervensystem, Ts = Thorakalspeicheldrüsen, Krg = Kropfgang,
Kr = Kropf, Md = Mitteldarm, Mp = Malpighische Gefäße, Ed = Enddarm,
R = Rectalampulle mit den vier Rectaldrüsen, Ast = Abdominalstigmen, 1—7
= Dorsolateralplatten, $8 + 9$ = Genitalbogen, I—IV = Sternite.

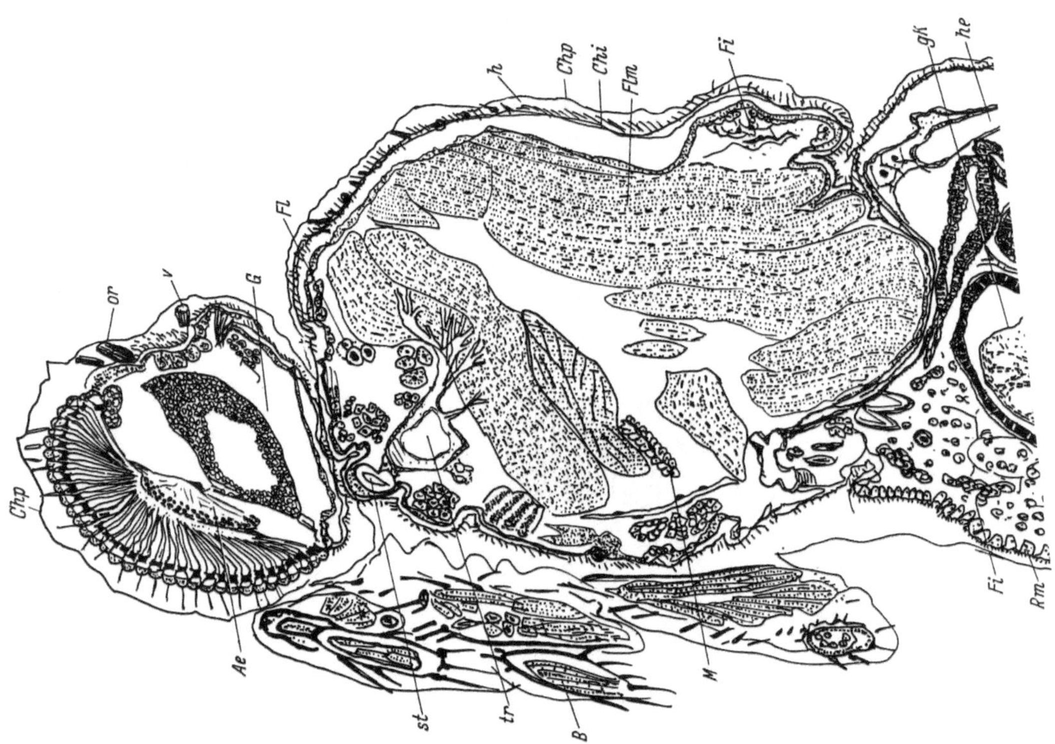

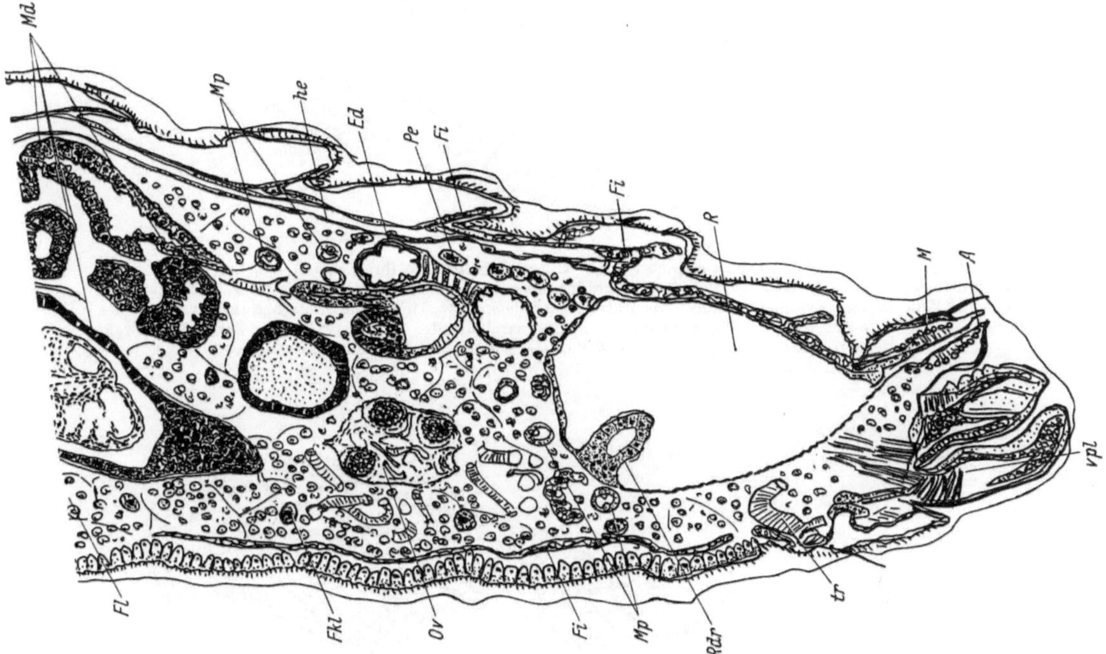

Abb. 39. Vergr. 120. Puppe 4 Tg. (kurz vor dem Schlüpfen), C. H.; *Chp* = Puppenchitin, *or* = orbitalis, *v* = verticalis, *G* = Gehirn, *Ae* = äußeres Augenganglion, *st* = vorderes Thorakalstigma, *tr* = Trachee, *B* = Beine, *M* = Muskeln quer und längs, *Fl* = larvales Fett, *h* = Haare, *Chi* = Imaginalchitin (die Larvenhaut ist abpräpariert), *Flm* = longitudinale Flugmuskulatur, *Fi* = imaginales Fett, *gk* = gelber Körper, *hz* = Herz, *Md* = Mitteldarm, *Mp* = Malpighische Gefäße (meist quer), *Ed* = Enddarm, *Pe* = Pericardialzellen, *R* = Rectalampulle, *A* = After, *vpl* = Vaginalplatten, *Rdr* = Rectaldrüse, *ov* = Ovar, *Fkl* = Kern einer larvalen Fettzelle, *Rm* = ventrale Ringmuskeln des Abdomens (in der Imago stark abgeflacht).

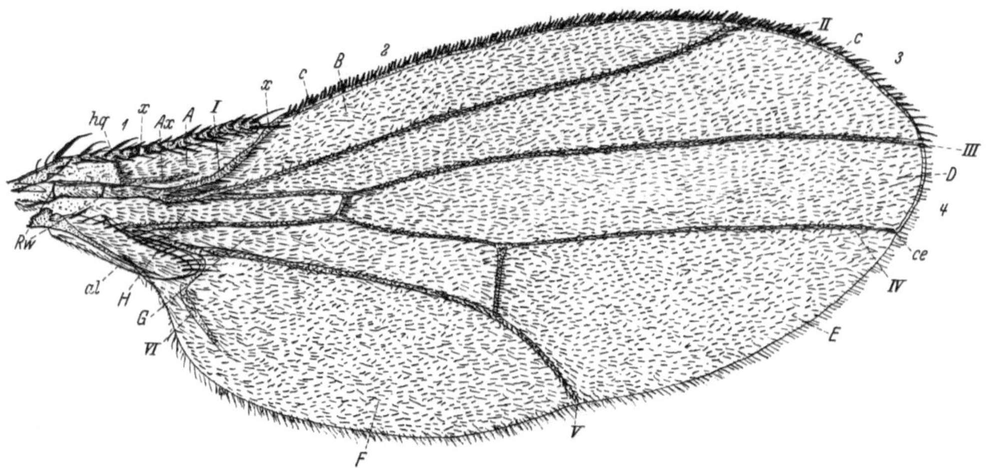

Abb. 40. Vergr. 50. Imaginalflügel. *c* = costa, x = Unterbrechungen in ihrem ersten Abschnitt, *1—4* = ihre
Abschnitte, *ce* = Ende der costa, *hq* = Humeralquerader, *Ax* = Auxiliarader, *I—VI* = die Längsadern (zwischen
III und *IV* die vordere, zwischen *IV* und *V* die hintere Querader), *Rw* = Ringwände im Remigium der Radialader,
al = alula, *A* = Costalzelle, *B* = Marginalzelle, *C* = Submarginalzelle, *D* = erste hintere Zelle, *E* = zweite
hintere Zelle, *F* = dritte hintere Zelle, *G* = Discalzelle, *H* = erste Basalzelle.

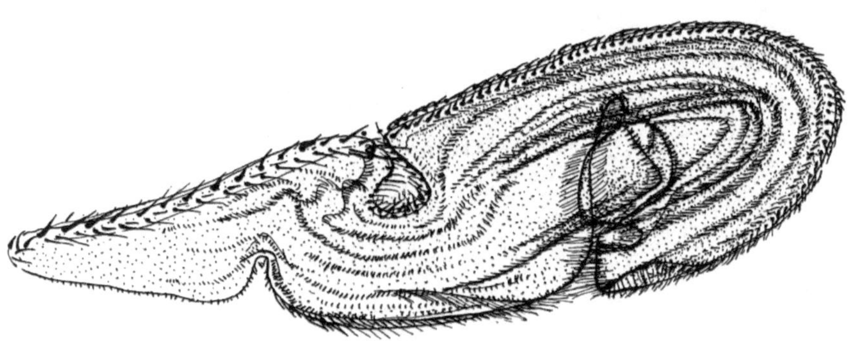

Abb. 41. Vergr. 100. Puppe 4 Tg. C. Feulgen, Totalpräparat. Flügel. Die Adern sind durch zahlreiche Quer-
und Längsfalten verdeckt, die Flügelfläche ist gleichmäßig mit schwarzen Haaren bedeckt.

Abb. 42. Vergr. 320. Imago, C. H., Teil des Auges;
1 = Augenhaare, *2* = Cuticularlinse, *3* = Kerne von 6
Nebenpigmentzellen und 4 Pseudoconuszellen, *4* = Kerne
der zwei Hauptpigmentzellen, *5* = Kerne von 6 Retinulazellen, *6* = Retinula, *7* = Rhabdom, *8* = der siebente
Retinulazellkern, *9* = der achte Retinulazellkern, *10* =
äußeres Augenganglion und zwar: *11* = Neurommati-
dienschicht, *12* = äußere Körnerschicht, *13* = Faser-
bündelschicht, *14* = Basalmembran, *15* = Pseudoconus.

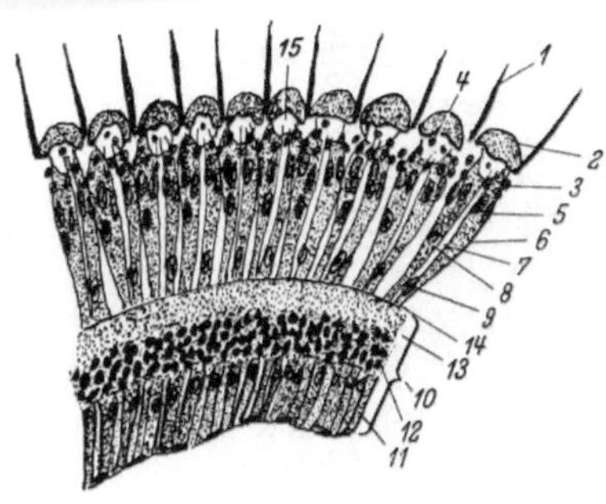

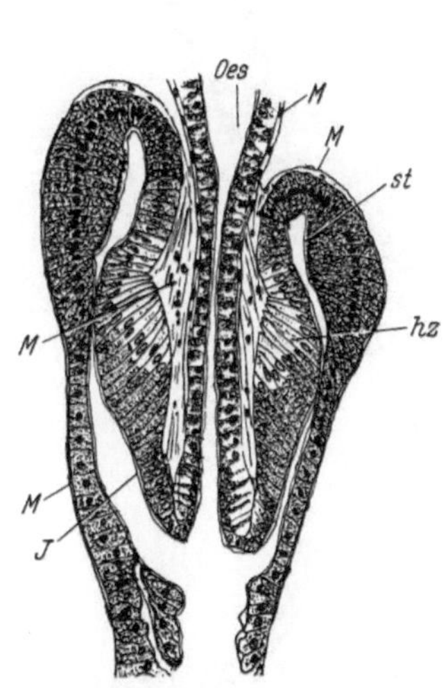

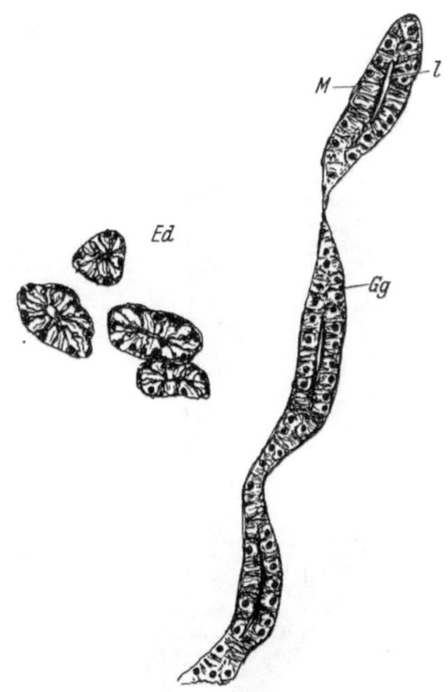

Abb. 43. Vergr. 240. Imago, C. H., Proventrikel; *M* = Muskeln, *Oes* = Oesophagus, *st* = Stäbchensaum, *hz* = helle
Zellen, *I* = Intima.

Abb. 44. Vergr. 240. Imago, C. H., Thorakal-
speicheldrüse; *Gg* = der Gang, *Ed* = der Drüsen-
endteil, *l* = Lumen, *M* = sehr dünne Muskelschicht.

Abb. 45. Vergr. 240. Puppe 4
Tg. (kurz vor dem Schlüpfen),
C. H., Kropf (ist hier schon wie
bei der geschlüpften Imago); M
= Muskelfasernetz, ep = das ge-
faltete Epithel und Intima.

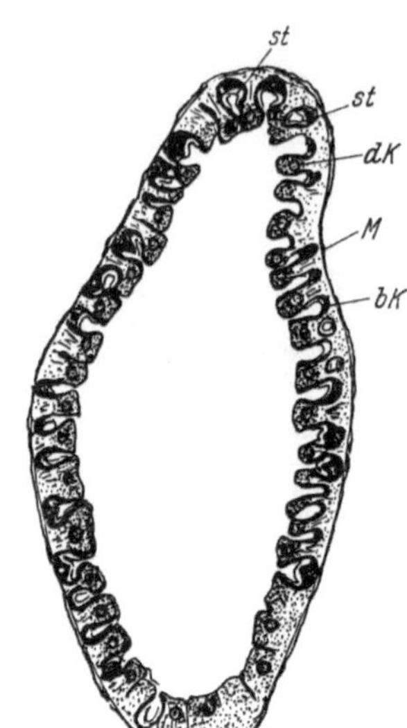

Abb. 46. Vergr. 240. Imago,
C. H., vorderer Mitteldarm;
st = Stäbchensaum, M =
Muskelschicht, bk = basaler
Kern, dk = distaler Kern
(vgl. d. Larve).

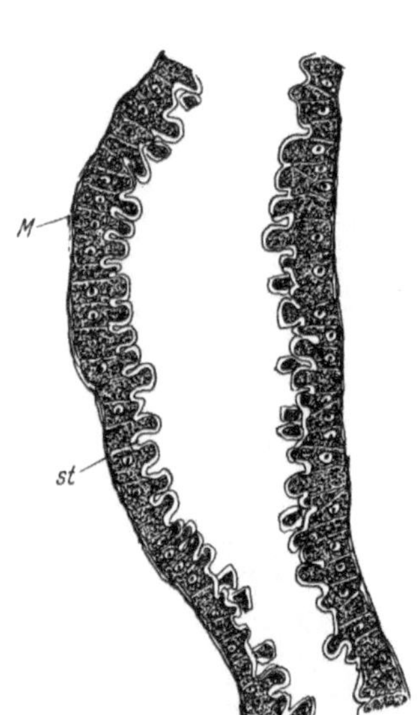

Abb. 47. Vergr. 240. Imago, C. H.,
Mitteldarm; M = Muskelschicht,
st = Stäbchensaum.

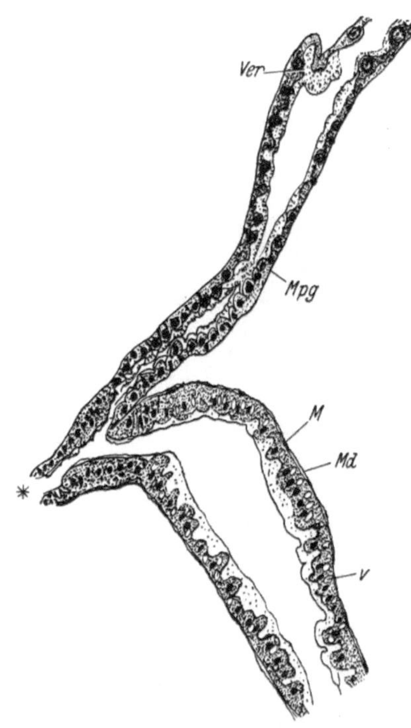

Abb. 48. Vergr. 240. Imago, C. H., hinterster
Mitteldarm mit gemeinsamem Ausführgang der
Malpighischen Gefäße; Md = Mitteldarm (Kerne
relativ klein in diesem Abschnitt), V = Vacu-
olen, M = Muskelschicht, * = Beginn des End-
darms, Mpg = gemeinsamer Ausführgang von zwei
Malpighischen Gefäßen (relativ kleinzellig), Ver =
Vereinigungsstelle der beiden Gefäße.

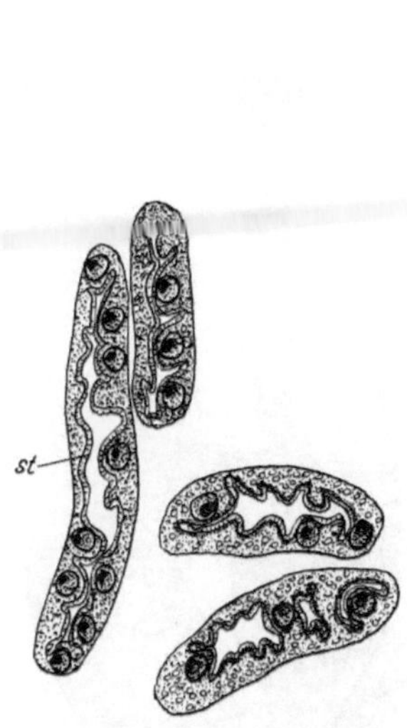

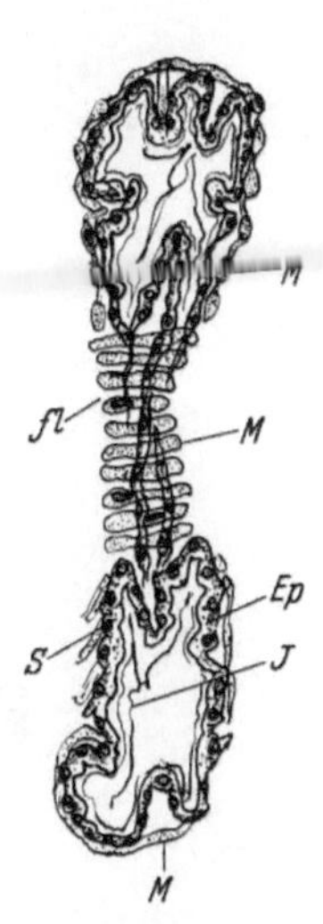

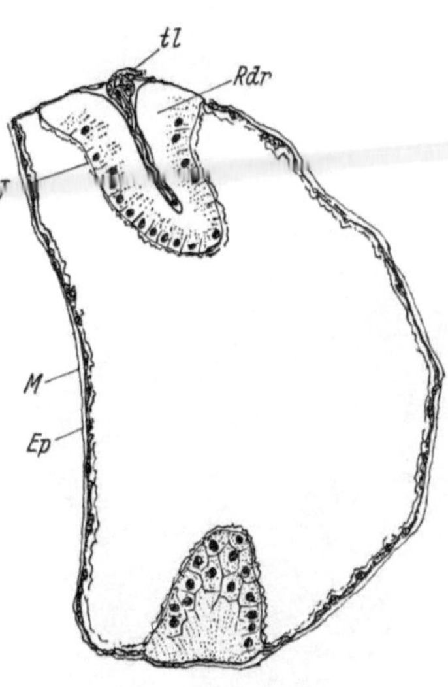

Abb. 49. Vergr. 240. Puppe 4 Tg. (kurz vor dem Schlüpfen), C. H., Malpighische Gefäße (ist hier schon wie bei der geschlüpften Imago); *st* = Stäbchensaum.

Abb. 50. Vergr. 240. Imago, C. H., Enddarm; *Ep* = Epithel mit hellem Saum (*S*), *M* = Muskulatur, *I* = Intima, *fl* = flachgeschnittenes Stück.

Abb. 51. Vergr. 240. Imago, C. H., Rektalampulle; *Ep* = Epithel mit Intima (*I*), *M* = Muskelschicht, *Rdr* = Rektaldrüse, *tl* = das in diese eindringende Tracheolenbündel.

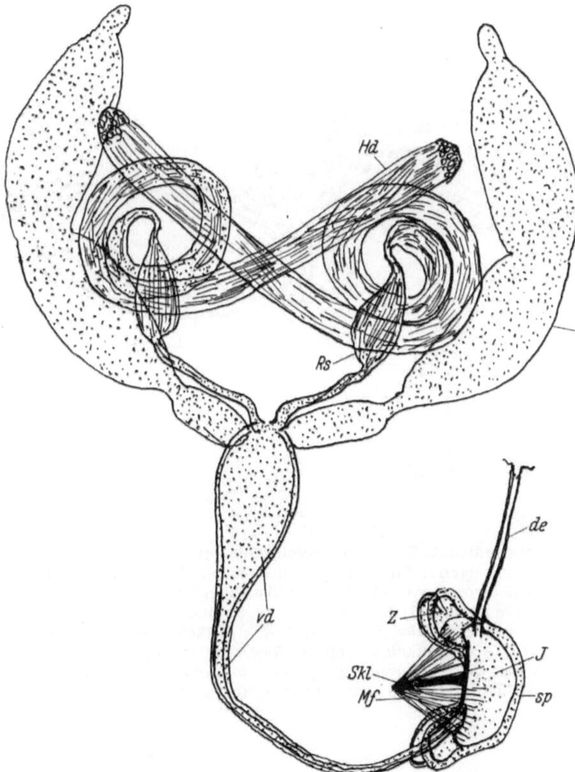

Abb. 52. Vergr. 65. Männlicher Geschlechtsapparat einer älteren Imago nach dem Leben; *Hd* = Hoden (in zwei Spiraltouren), *Rs* = eine Erweiterung (vesicula), *Dr* = Anhangsdrüse (Paragonion), *vd* = vas deferens, *sp* = Spermienpumpe, *I* = deren Innenraum, *Skl* = Sklerit, *Mf* = Muskelfasern, *Z* = einer der 4 Zipfel, *de* = ductus ejaculatorius (bis zum Ende gezeichnet).

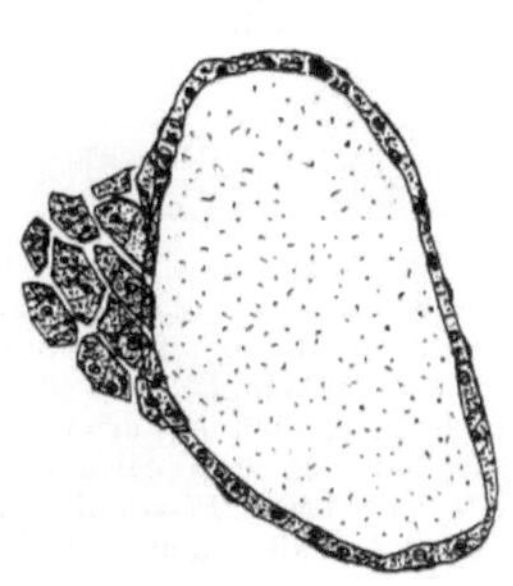

Abb. 53. Vergr. 240. Imago, C. H., Männliche Anhangsdrüse (Paragonion).

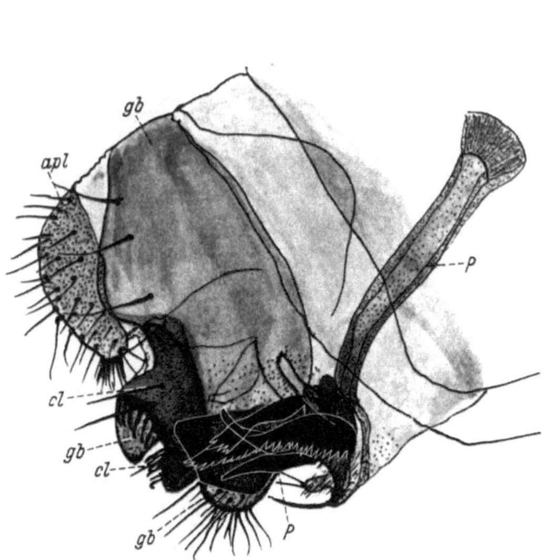

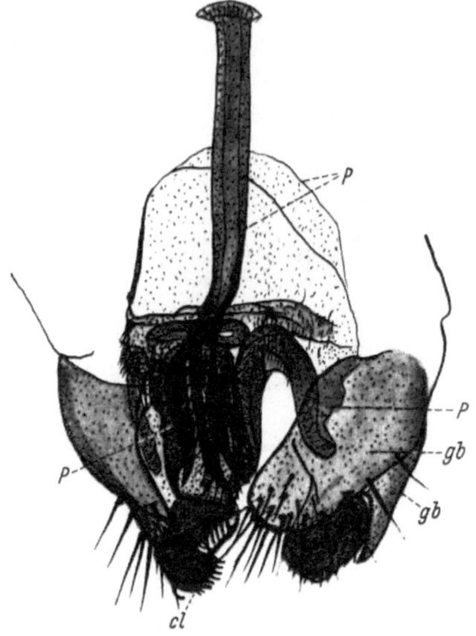

Abb. 54. Vergr. 130. Imago, Kalilaugepräparat, Männlicher Kopulationsapparat der linken Seite (die Penisröhre ist unpaar); P = Penis, gb = Genitalbogen, cl = clasper, apl = Analplatte.

Abb. 55. Vergr. 130. Männlicher Kopulationsapparat von ventral gesehen.

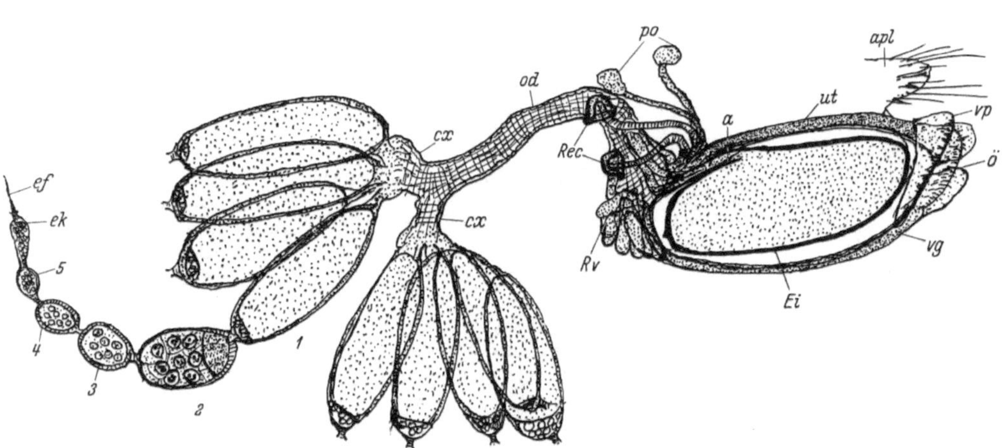

Abb. 56. Vergr. 65. Imago, Alk. abs. Eosin Totalpräparat, Weiblicher Geschlechtsapparat. Da die Eier einzeln in größeren Zeitabständen gelegt werden, und jeweils nach Ablage eines Eies das nächste Ei der betreffenden Eiröhre nachreift, so hat man in den verschiedenen Eiröhren verschiedene Größenstufenreihen vor sich und verschieden viel reife Eier pro Ovar. Nur eine Eiröhre ist vollständig gezeichnet, meist sind 5 Eifächer gleichzeitig ausgebildet; auch ist nur ein Teil der Eiröhren pro Ovar wiedergegeben; $1—5$ = Eifächer, ek = Endkammer, ef = Endfaden, cx = calyces, od = Ovidukt, Rec = Receptacula seminis, Rv = das ventrale Receptaculum, po = Parovarien, Ei = reifes Ei mit seinen dorsal am Vorderende gelegenen Atemfortsätzen a, ut = Uterus, vg = sein als Vagina bezeichneter Teil, vp = Vaginalplatte, $ö$ = Geschlechtsöffnung, apl = Analplatten.

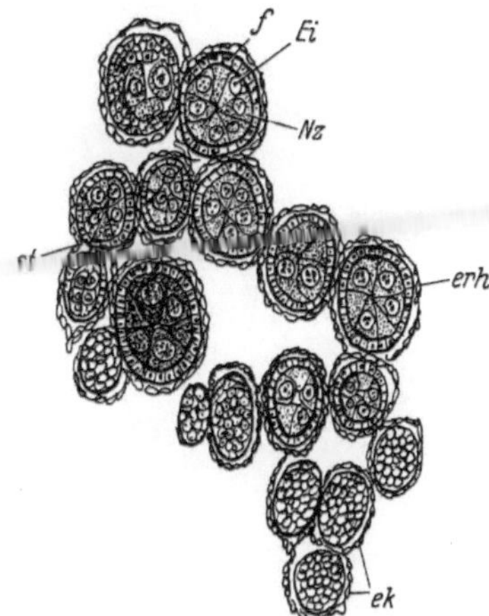

Abb. 57. Vergr. 240. Imago, C. H., Ovar; *f* = Follikelepithel, *Ei* = Eizelle, *Nz* = eine der 15 Nährzellen eines Eifaches (verschiedene Chromatinstadien), *st* = Verbindungsstiel zwischen zwei Eifächern, *ek* = Endkammern, *erh* = Eiröhrenhülle (somatisch).

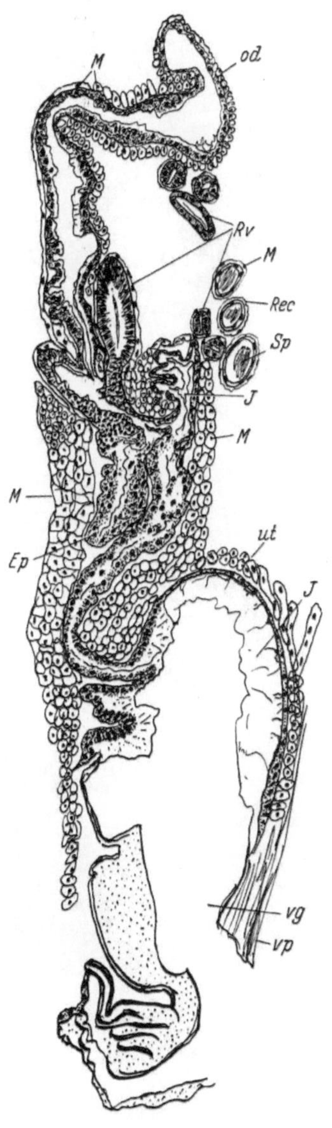

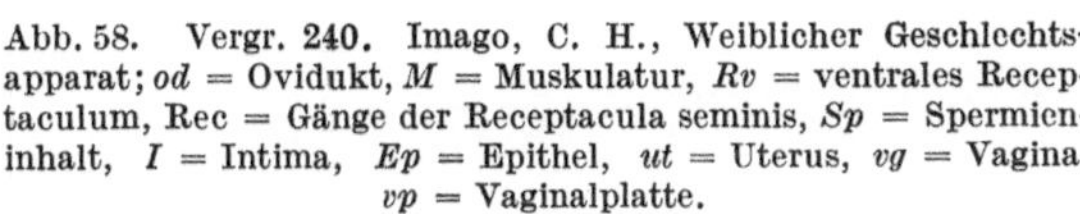

Abb. 58. Vergr. 240. Imago, C. H., Weiblicher Geschlechtsapparat; *od* = Ovidukt, *M* = Muskulatur, *Rv* = ventrales Receptaculum, Rec = Gänge der Receptacula seminis, *Sp* = Spermieninhalt, *I* = Intima, *Ep* = Epithel, *ut* = Uterus, *vg* = Vagina, *vp* = Vaginalplatte.

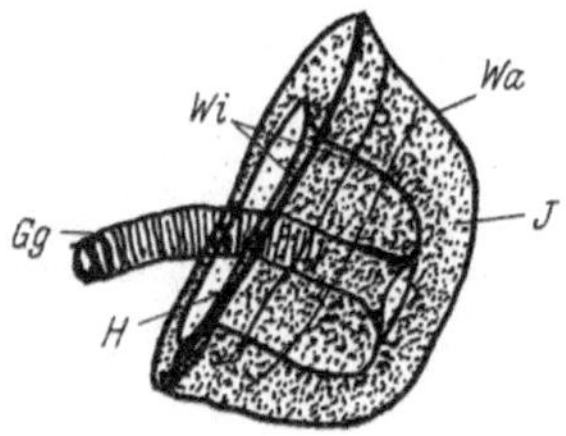

Abb. 59. Vergr. 320. Imago, C. (Feulgen), Totalpräparat, Receptaculum seminis (nur die Chitinteile); *Wa* = Außenwand, *Wi* = Innenwand, *I* = mit Sperma gefüllter Innenraum, *H* = nach der Körperhöhle zu offener Hohlraum, *Gg* = spiralig verdickter Ausführgang.

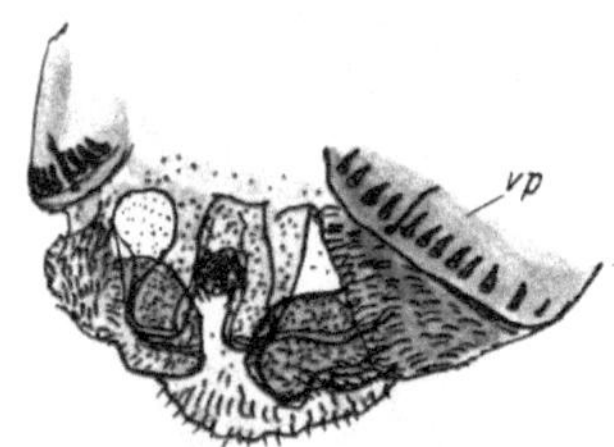

Abb. 60. Vergr. 130. Imago, Kalilaugepräparat, Weiblicher Kopulationsapparat von ventral (keine Analplatten); *vp* = Vaginalplatte.

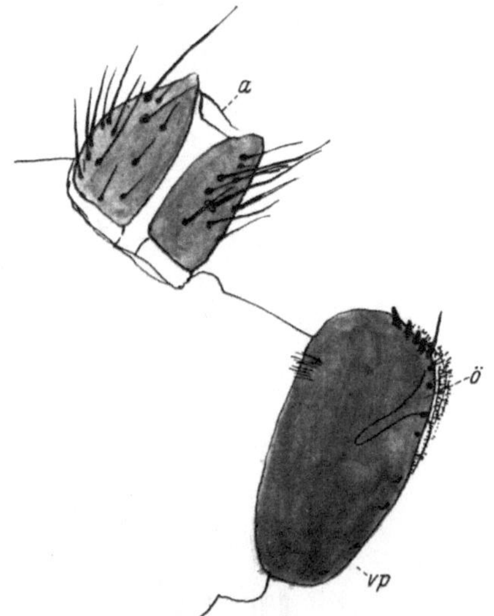

Abb. 61. Vergr. 130. Das gleiche wie in Abb. 60 von der Seite (mit After *a*); *ö* = Geschlechtsöffnung, *vp* = Vaginalplatten.

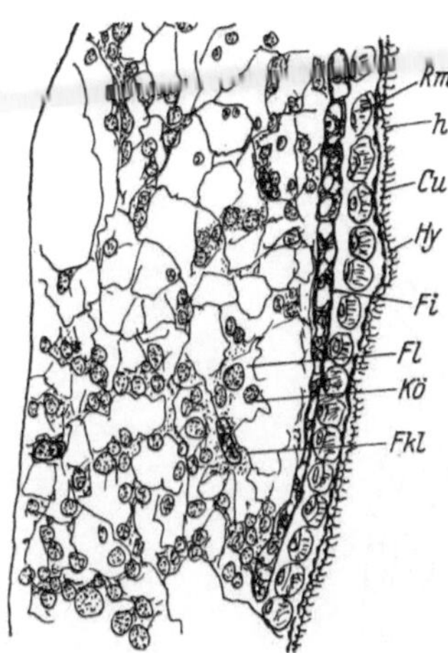

Abb. 62. Vergr. 240. Imago, C. H., Fettkörper; *Fl* = larvaler Fettkörper, *Fkl* = Kern einer larvalen Fettzelle, *kö* = körniger Inhalt der larvalen Fettzellen, *Fi* = imaginaler Fettkörper, *Rm* = Ringmuskulatur, *Hy* = Hypodermis, *Cu* = Cuticula, *h* = Haare.

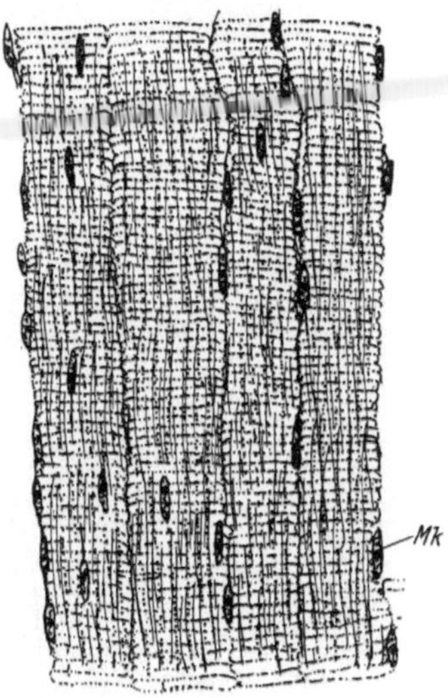

Abb. 63. Vergr. 640. Imago, C. H., Longitudinale Flugmuskulatur längs; *Mk* = Muskelkerne; die Querstreifung ist deutlich.

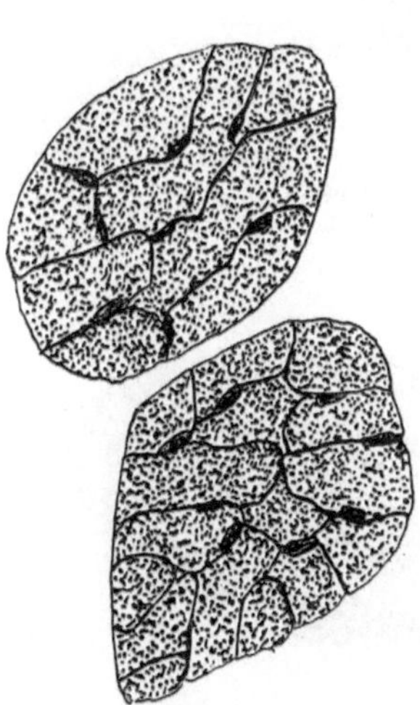

Abb. 64. Vergr. 640. Puppe, kurz vor dem Schlüpfen, C. H., Flugmuskulatur quer; man sieht die Kerne und die einzelnen Muskelfaserbündel.

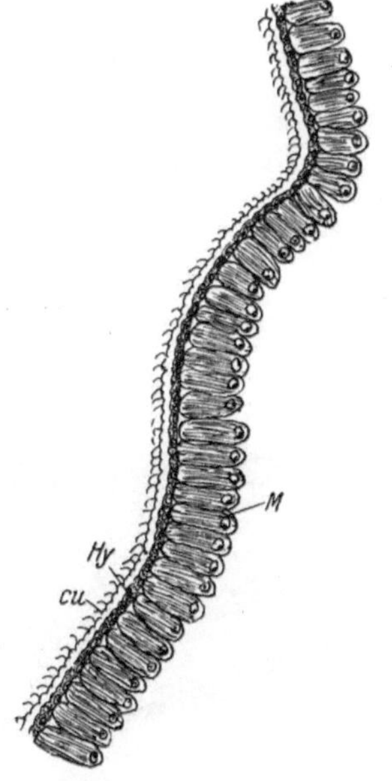

Abb. 65. Vergr. 240. Ventrale Abdominalmuskulatur einer schlüpfreifen Puppe; *M* = Muskeln, *Hy* = Hypodermis, *cu* = Cuticula, (imaginale) mit Haaren.

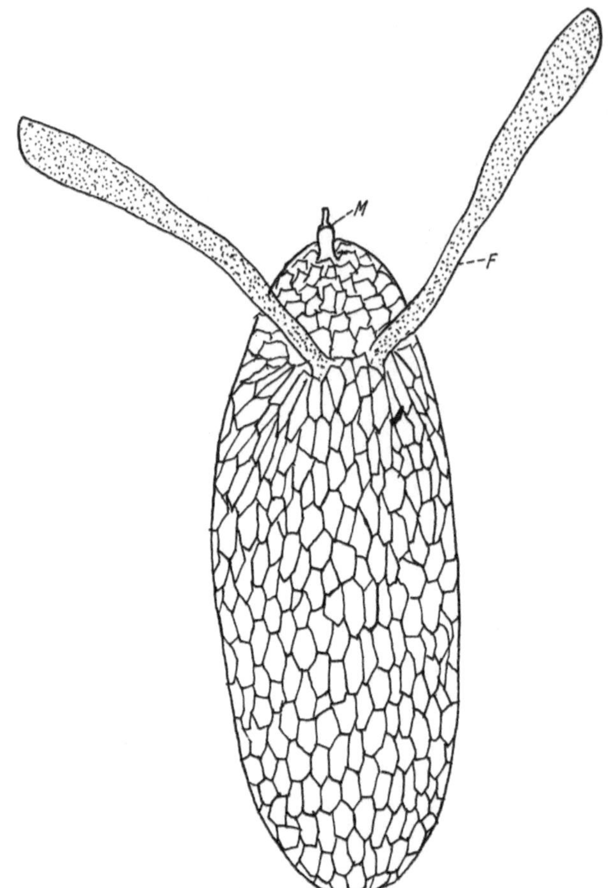

Abb. 66. Vergr. 160. Ei nach dem Leben, von dorsal gesehen.
M = Mikropyle, F = fadenförmige Anhänge.

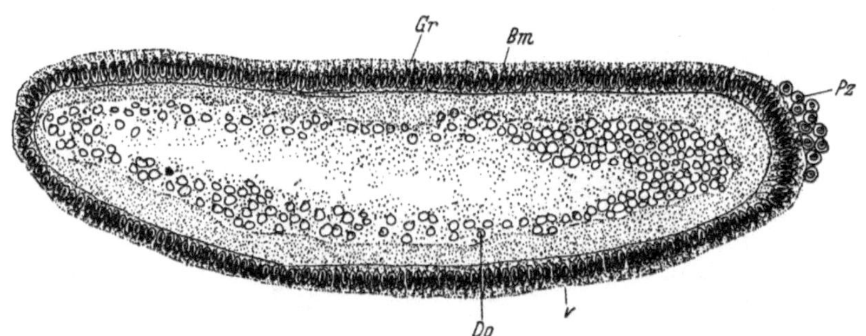

Abb. 67. Vergr. 240. Ei im späten Blastodermstadium, Carothers, H. sagittal. Do = Dotter, Gr = Zellgrenzen,
Bm = Basalmembran, Pz = Polzellen, (Keimzellen) am Hinterende gelegen, v = ventral.

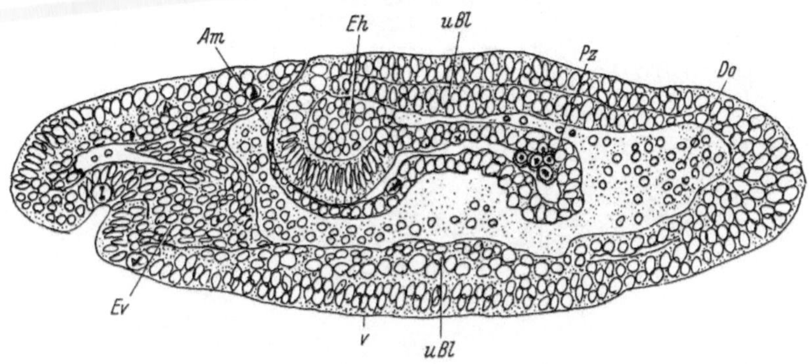

Abb. 68. Vergr. 240. Ei, etwa vier Stunden alt (25° C), Carothers, H., Stadium der stärksten Keimstreifenausdehnung; sagittal; *Ev* = vorderer Entodermkeim, *Am* = Amnionfalte, *Eh* = hinterer Entodermkeim, *uBl* = unteres Blatt, *Pz* = Polzellen, *Do* = Dotter, *v* = ventral.

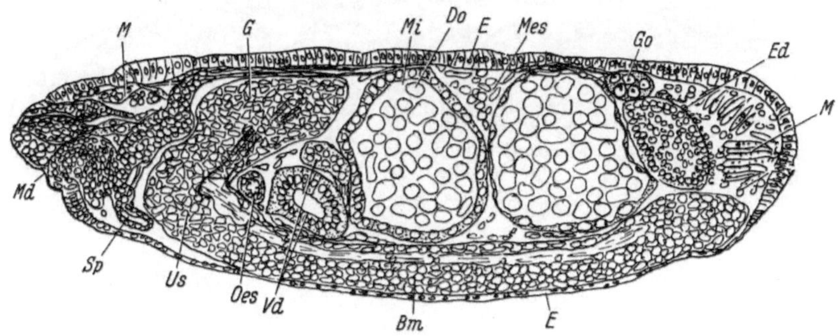

Abb. 69. Vergr. 240. Älterer Embryo, sagittal Carothers, H.; *Md* = Mund, *Sp* = Speicheldrüse, *Us* = Unterschlundganglion, *Oes* = Oesophagus, *Vd* = Vorderdarm, *Bm* = Bauchmark, *E* = Ektoderm, *M* = Muskulatur, *Ed* = Enddarm, *Go* = Gonade, *Mes* = Mesoderm, *Do* = Dotter, *Mi* = Mitteldarm, *G* = Gehirn.

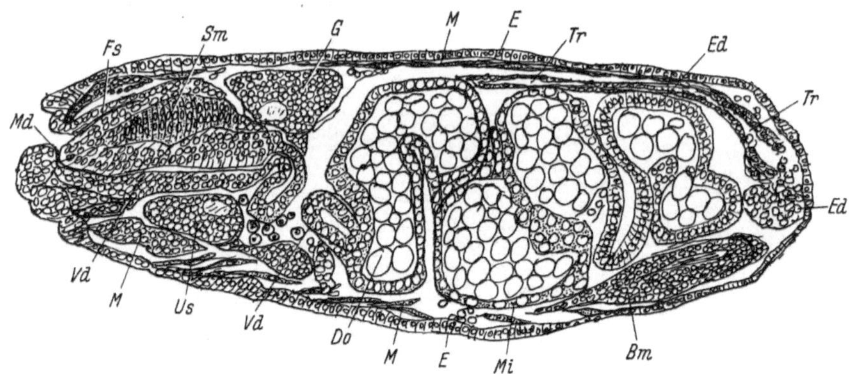

Abb. 70. Vergr. 240. Selbes Ei wie Abb. 69, sagittal, Carothers, H.; Bezeichnungen
wie in Abb. 69. Ferner: *Fs* = Frontalsackanlage, *Sm* = Suprapharyngealmuskulatur,
Tr = Tracheenhauptstamm, *Bm* = Bauchmark.

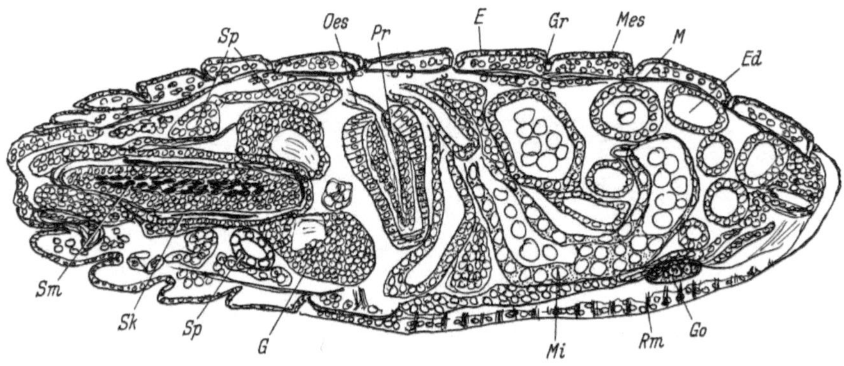

Abb. 71. Vergr. 240. Noch älteres Stadium, frontal, Carothers, H.; Beschriftungen
wie bisher, ferner: *Sk* = Mundskelett, *Rm* = Ringmuskulatur, *Gr* = Segmentgrenzen,
Pr = Proventrikel.